古建筑木结构材质状况的评估及修缮设计

——以丹霞寺为例

杨燕 李斌 王巍 著

化学工业出版社

·北京·

内容简介

全书共分 8 章，在对古建筑相关基础知识作必要介绍的基础上，以河南省南阳市南召县千年古刹丹霞寺古建筑主轴线上五个大殿——天王殿、大雄宝殿、毗卢殿、玉佛殿以及天然祖堂为研究对象，通过对其法式勘查、宏观残损情况勘查、劣化木构件树种的鉴定以及劣化木构件材质的解剖构造及化学成分的降解等内容的研究，获取了丹霞寺古建筑的形制特点、残损现状、木构件的用材特征、出现残损的外在和内在原因，以及木构件材质劣化程度的定性和定量分析；并在此基础上提出了适宜的古建筑修缮方案，为后续丹霞寺等古建筑的修缮施工提供依据，具有重要的理论价值和现实意义。

本书兼具理论性、指导性和实践性，可供高等院校和科研单位从事历史建筑保护的科技工作者、教师及研究生、本科生学习和参考。

图书在版编目（CIP）数据

古建筑木结构材质状况的评估及修缮设计：以丹霞寺为例/杨燕，李斌，王巍著. —北京：化学工业出版社，2021.12
ISBN 978-7-122-39976-2

Ⅰ.①古… Ⅱ.①杨… ②李… ③王… Ⅲ.①木结构-古建筑-修缮加固 Ⅳ.①TU366.2②TU746.3

中国版本图书馆CIP数据核字（2021）第 198913 号

责任编辑：邢　涛　　　　　　　　　　文字编辑：王　硕　陈小滔
责任校对：王鹏飞　　　　　　　　　　装帧设计：韩　飞

出版发行：化学工业出版社（北京市东城区青年湖南街 13 号　邮政编码 100011）
印　　装：北京虎彩文化传播有限公司
787mm×1092mm　1/16　印张 12¼　字数 284 千字　2021 年 12 月北京第 1 版第 1 次印刷

购书咨询：010-64518888　　　　　　　　售后服务：010-64518899
网　　址：http://www.cip.com.cn
凡购买本书，如有缺损质量问题，本社销售中心负责调换。

定　价：98.00 元　　　　　　　　　　　　　　　　　　　版权所有　违者必究

前言

本书在对我国古建筑形式及特点、木材的构造及性能、木材的生物损害、古建筑木结构材质状况勘查评估、古建筑木结构修缮技术等相关基础知识作必要介绍的基础上，以丹霞寺古建筑主轴线上五个大殿——天王殿、大雄宝殿、毗卢殿、玉佛殿以及天然祖堂为研究对象，对丹霞寺古建筑的时代特征、结构特征、构造特征进行了研究，获取了丹霞寺古建筑的形制特点；采用宏观目测法对丹霞寺古建筑的残损情况进行了全面的勘查，并结合外部环境因素获取了丹霞寺古建筑所出现的残损状况及出现残损的外在原因；采用生物显微镜观察的方法对劣化木构件的微观构造进行了全面的观察和鉴定，获取了丹霞寺木构件的用材特征及出现残损的内在原因；采用偏光和荧光的分析方法对劣化木构件细胞壁的劣化进行了原位分析，获取了丹霞寺木构件材质劣化发生的部位及劣化程度的定性分析；采用FTIR（傅里叶变换红外光谱）方法对劣化木构件细胞壁的化学成分降解程度进行了分析，获取了丹霞寺木构件材质劣化机制以及劣化程度的定量分析；结合以上法式勘查、宏观残损情况勘查、劣化木构件树种的鉴定、劣化木构件材质的解剖构造及化学成分的降解等内容的分析，提出了适宜的古建筑修缮方案，为后续丹霞寺古建筑的修缮施工提供依据。

本书的研究结论如下。

① 通过对丹霞寺主轴线上五个大殿的法式勘查，得出五大殿中天王殿、大雄宝殿、毗卢殿均为抬梁式的木结构骨架体系，而玉佛殿和天然祖堂前厅为木构架与墙体混合承重体系，天然祖堂后殿为墙体承重体系；屋面均采用灰色青瓦覆盖；墙体采用"多层一丁"砖块砌筑方式，后檐封护檐墙；木装修采用板门和"一码三箭"式"四开六抹"隔扇门相结合的形式。这进一步印证五大殿建筑均为明清建筑。

② 通过对丹霞寺主轴线上五个大殿的残损情况全面勘查，得出天王殿、大雄宝殿、毗卢殿、玉佛殿按结构可靠性均为Ⅱ类建筑，为经常性的保养工程；天然祖堂前厅为Ⅳ类建筑，为抢救性维修工程；后殿为Ⅲ类建筑，为重点维修工程；耳房为Ⅲ类建筑，为重点维修工程。

③ 通过对部分劣化木构件进行鉴定，得出这些木构件的木材为南阳广泛分布的红栎（*Quercus* spp.）、桦树（*Betula* sp.）、枫杨（*Pterocarya* sp.）、柳树（*Salix* sp.）、榆树（*Ulmus* sp.）以及杨树（*Populus* sp.）；这几种木材自身耐腐朽和耐虫蛀的能力较低，特别容易遭受到腐朽菌、昆虫的侵害，这也是在相同

环境条件下，它们表现出耐劣化能力低的一个重要的原因。

④ 通过对红栎、桦木、枫杨、柳木、榆木和杨木木构件材质劣化的微观观察以及化学成分的分析，得出红栎、桦木和枫杨木构件中细胞壁结晶纤维素折射亮度均不明显，纤维素和半纤维素 FTIR 吸收峰强度也明显地降低，而木质素的荧光亮度以及 FTIR 吸收峰强度明显地增加，推测红栎、桦木和枫杨木构件被褐腐菌侵蚀严重；而榆木、柳木和杨木被白蚁严重啃蚀，但受腐朽菌的侵蚀不明显。

⑤ 结合丹霞寺古建筑法式勘查、残损的宏观勘查、劣化木构件树种的鉴定以及木构件材质劣化程度的细胞壁微观分析，提出适宜的丹霞寺古建筑修缮方案：

对于木柱及木梁枋出现的较小的干缩裂缝应采用嵌补法，较宽的干缩裂缝除嵌补外，还应采用机械加固法。对于木柱及木梁枋出现的局部腐朽采用挖补法，对于腐朽或虫蛀较为严重的木柱应采用木料墩接法。对滴水瓦件缺失的，均应按原形制补配。对于墙体局部泛碱酥化现象，应按原墙体砖的规格重新补砌。木装修局部腐朽的，应对其进行化学防腐处理。室内外地面与散水用水泥铺地并有部分杂草的，应予以铲除并清除杂草，参照大雄宝殿砖块铺装做法恢复地面原铺装。

本书承蒙南阳理工学院博士科研启动项目——"丹霞寺古建筑木构件材质状况及修缮研究"以及南阳理工学院交叉科学研究项目——"基于细胞壁结构分析的丹霞寺古建筑木构件腐朽机制的研究"课题的资助，特此感谢！文中引用了国内外相关学者的研究成果，向他们表示感谢。

本书还得到丹霞寺管理处的工作人员以及南阳理工学院王爱风、赵瑞、贺一明老师的指导；古建筑 2015 级任凯杰、张建帅、徐争光、王艳、何晓宇同学，历史建筑保护工程 2017 级孙雯叶、赵莹、田明金、韩艳夏同学，历史建筑保护工程 2018 级张笑千、徐乾、江世龙、王培养同学参与了丹霞寺古建筑的测绘工作。在此向大家的指导和参与表示衷心的感谢！

限于水平和时间，书中不足之处恳请读者批评指正。

杨　燕

2021 年 8 月

目 录

第1章 古建筑木结构修缮基础知识 ... 1

1.1 我国古建筑的主要建筑形式及特点 ... 1
1.1.1 我国古建筑的主要建筑形式 ... 1
1.1.1.1 硬山式 ... 1
1.1.1.2 悬山式 ... 1
1.1.1.3 庑殿式 ... 1
1.1.1.4 歇山式 ... 2
1.1.1.5 攒尖式 ... 2
1.1.2 我国古建筑的特点 ... 2
1.1.2.1 完整的木构架体系 ... 3
1.1.2.2 多样化的群体布局 ... 3
1.1.2.3 木结构优越的防震、抗震性能 ... 3
1.1.2.4 美丽动人的艺术形象 ... 4

1.2 木材的宏观构造特征及性质 ... 4
1.2.1 木材的宏观构造特征 ... 4
1.2.1.1 边材与心材 ... 4
1.2.1.2 生长轮 ... 5
1.2.1.3 早材与晚材 ... 5
1.2.1.4 管孔 ... 5
1.2.1.5 木射线 ... 7
1.2.1.6 轴向薄壁组织 ... 7
1.2.1.7 胞间道 ... 8
1.2.2 木材的化学性质 ... 9
1.2.2.1 纤维素 ... 9
1.2.2.2 半纤维素 ... 10
1.2.2.3 木质素 ... 10
1.2.3 木材的物理性质 ... 11
1.2.3.1 木材的密度 ... 11
1.2.3.2 木材中的水分 ... 11
1.2.3.3 木材的干缩湿胀现象 ... 12

- 1.2.4 木材的力学性质 …… 14
  - 1.2.4.1 应力与应变的关系 …… 14
  - 1.2.4.2 木材的黏弹性 …… 15
  - 1.2.4.3 影响木材力学性质的主要因素 …… 16
- 1.3 木材的生物损害 …… 16
  - 1.3.1 木材的微生物损害 …… 16
    - 1.3.1.1 木材真菌腐朽的产生条件 …… 17
    - 1.3.1.2 木材真菌腐朽的类型 …… 18
    - 1.3.1.3 真菌腐朽对木材强度的影响 …… 20
    - 1.3.1.4 木材的霉菌损害 …… 20
  - 1.3.2 木材的昆虫损害 …… 21
    - 1.3.2.1 白蚁类 …… 21
    - 1.3.2.2 木粉蠹虫类 …… 22
  - 1.3.3 腐朽和虫蛀等级的判定 …… 23
- 1.4 古建筑木结构材质状况勘查评估 …… 24
  - 1.4.1 勘查评估应遵循的相关规定 …… 24
  - 1.4.2 古建筑残损情况勘查的内容 …… 24
  - 1.4.3 古建筑可靠性鉴定 …… 25
- 1.5 古建筑木结构修缮技术 …… 29
  - 1.5.1 立柱的维修技术 …… 29
    - 1.5.1.1 开裂加固 …… 29
    - 1.5.1.2 表面局部腐朽——挖补法 …… 30
    - 1.5.1.3 柱根腐朽严重——墩接法 …… 30
    - 1.5.1.4 柱子腐朽中空——灌浆加固 …… 32
    - 1.5.1.5 柱子全部严重腐朽时的处理 …… 33
  - 1.5.2 木梁枋的维修技术 …… 34
    - 1.5.2.1 梁枋弯垂的维修 …… 34
    - 1.5.2.2 梁枋干缩裂缝的维修 …… 35
    - 1.5.2.3 梁枋腐朽的维修 …… 35
    - 1.5.2.4 梁枋脱榫的维修 …… 36
    - 1.5.2.5 承椽枋的侧向变形和椽尾翘起的维修 …… 36
    - 1.5.2.6 角梁梁头下垂和腐朽、梁尾翘起和劈裂的维修 …… 36
    - 1.5.2.7 构件滚动的处理 …… 37
  - 1.5.3 木构架整体的维修技术 …… 37
    - 1.5.3.1 落架大修 …… 38
    - 1.5.3.2 打牮拨正 …… 38
    - 1.5.3.3 修整加固 …… 41
  - 1.5.4 斗拱的维修技术 …… 41
    - 1.5.4.1 斗的维修 …… 42
    - 1.5.4.2 拱的维修 …… 42

    1.5.4.3 昂的维修 ……………………………………………… 42
    1.5.4.4 正心枋、外拽枋、挑屋檐枋等的维修 …………… 42

第2章 丹霞寺古建筑研究背景 …………………………………… 43

2.1 丹霞寺古建筑概述 …………………………………………… 43
  2.1.1 丹霞寺简介 …………………………………………… 43
  2.1.2 周边环境现状 ………………………………………… 43
  2.1.3 地质地貌 ……………………………………………… 44
  2.1.4 气候环境 ……………………………………………… 44
  2.1.5 自然资源 ……………………………………………… 44
2.2 丹霞寺历史沿革 ……………………………………………… 45
2.3 丹霞寺的价值评估 …………………………………………… 46
  2.3.1 历史价值 ……………………………………………… 46
  2.3.2 科学价值 ……………………………………………… 47
  2.3.3 艺术价值 ……………………………………………… 47
  2.3.4 文化价值 ……………………………………………… 47
  2.3.5 社会价值 ……………………………………………… 47
2.4 丹霞寺古建筑所面临的保护问题 …………………………… 48
2.5 本研究的目的和意义 ………………………………………… 48
2.6 本研究的内容和技术路线 …………………………………… 48

第3章 丹霞寺古建筑法式勘查 …………………………………… 50

3.1 法式勘查对象和使用到的工具 ……………………………… 50
  3.1.1 法式勘查对象 ………………………………………… 50
  3.1.2 法式勘查用到的工具 ………………………………… 51
3.2 结果与分析 …………………………………………………… 51
  3.2.1 天王殿建筑法式勘查结果 …………………………… 51
    3.2.1.1 时代特征 ……………………………………… 51
    3.2.1.2 结构特征 ……………………………………… 63
    3.2.1.3 构造特征 ……………………………………… 65
  3.2.2 大雄宝殿建筑法式勘查结果 ………………………… 66
    3.2.2.1 时代特征 ……………………………………… 66
    3.2.2.2 结构特征 ……………………………………… 70
    3.2.2.3 构造特征 ……………………………………… 71
  3.2.3 毗卢殿建筑法式勘查结果 …………………………… 72
    3.2.3.1 时代特征 ……………………………………… 73
    3.2.3.2 结构特征 ……………………………………… 76
    3.2.3.3 构造特征 ……………………………………… 76

3.2.4 玉佛殿建筑法式勘查结果 …………………………………… 79
      3.2.4.1 时代特征 ………………………………………………… 80
      3.2.4.2 结构特征 ………………………………………………… 82
      3.2.4.3 构造特征 ………………………………………………… 83
    3.2.5 天然祖堂建筑法式勘查结果 …………………………………… 85
      3.2.5.1 时代特征 ………………………………………………… 86
      3.2.5.2 结构特征 ………………………………………………… 89
      3.2.5.3 构造特征 ………………………………………………… 89
  3.3 本章小结 …………………………………………………………… 91

第4章 丹霞寺古建筑残损情况的勘查 …………………………… 93

  4.1 残损勘查的对象及残损点的界定 ………………………………… 93
    4.1.1 残损勘查的对象 …………………………………………… 93
    4.1.2 残损点的界定 ……………………………………………… 93
  4.2 残损情况勘查的结果与分析 ……………………………………… 93
    4.2.1 天王殿残损情况的勘查 …………………………………… 93
    4.2.2 大雄宝殿残损情况的勘查 ………………………………… 97
    4.2.3 毗卢殿残损情况的勘查 …………………………………… 100
    4.2.4 玉佛殿残损情况的勘查 …………………………………… 105
    4.2.5 天然祖堂残损情况的勘查 ………………………………… 109
      4.2.5.1 天然祖堂——前厅（祖师殿）残损情况的勘查 …… 109
      4.2.5.2 天然祖堂——后殿残损情况的勘查 ………………… 112
      4.2.5.3 天然祖堂——耳房残损情况的勘查 ………………… 115
  4.3 残损的外部原因 …………………………………………………… 117
    4.3.1 不当修缮 …………………………………………………… 117
      4.3.1.1 现代水泥材料的不正确使用 ………………………… 117
      4.3.1.2 不正确地添加辅助木构件或添加形制不同的构件 … 117
    4.3.2 人为破坏 …………………………………………………… 117
    4.3.3 年久失修 …………………………………………………… 117
    4.3.4 自然破坏 …………………………………………………… 118
      4.3.4.1 紫外光破坏 …………………………………………… 118
      4.3.4.2 雨水或环境中水分的影响 …………………………… 118
  4.4 本章小结 …………………………………………………………… 119

第5章 丹霞寺古建筑木构件的树种鉴定及病害内因分析 …… 120

  5.1 材料与方法 ………………………………………………………… 120
    5.1.1 材料 ………………………………………………………… 120
      5.1.1.1 试样的处理 …………………………………………… 121

	5.1.1.2　试样切片	121

    5.1.2　方法 ·· 121

 5.2　结果与讨论 ·· 122

    5.2.1　木构件 No.1、No.2、No.3 的树种鉴定 ····························· 122

    5.2.2　木构件 No.4 的树种鉴定 ·· 123

    5.2.3　木构件 No.5、No.6 的树种鉴定 ······································ 124

    5.2.4　木构件 No.7 的树种鉴定 ·· 125

    5.2.5　木构件 No.8 的树种鉴定 ·· 126

    5.2.6　木构件 No.9 的树种鉴定 ·· 126

 5.3　木构件病害的内部原因 ·· 127

 5.4　本章小结 ·· 130

第6章　丹霞寺古建筑木构件细胞壁劣化程度的研究 ············ 131

 6.1　材料与方法 ·· 131

    6.1.1　材料 ··· 131

    6.1.2　方法 ··· 132

 6.2　结果与讨论 ·· 133

    6.2.1　劣化木构件细胞壁微观构造变化 ······································ 133

        6.2.1.1　红栎木构件细胞壁微观构造变化 ······························ 133

        6.2.1.2　桦木木构件细胞壁微观构造变化 ······························ 136

        6.2.1.3　枫杨木构件细胞壁微观构造变化 ······························ 137

        6.2.1.4　柳木木构件细胞壁微观构造变化 ······························ 139

        6.2.1.5　榆木木构件细胞壁微观构造变化 ······························ 140

        6.2.1.6　杨木木构件细胞壁微观构造变化 ······························ 141

    6.2.2　木构件细胞壁化学成分变化的 FTIR 分析 ························ 143

        6.2.2.1　红栎木构件的 FTIR 分析 ·· 144

        6.2.2.2　桦木木构件的 FTIR 分析 ·· 146

        6.2.2.3　枫杨木构件的 FTIR 分析 ·· 148

        6.2.2.4　柳木木构件的 FTIR 分析 ·· 149

        6.2.2.5　榆木木构件的 FTIR 分析 ·· 151

        6.2.2.6　杨木木构件的 FTIR 分析 ·· 152

 6.3　讨论 ·· 154

 6.4　本章小结 ·· 154

第7章　丹霞寺古建筑修缮设计 ·· 156

 7.1　设计依据和修缮原则 ·· 156

    7.1.1　设计依据 ·· 156

    7.1.2　修缮原则 ·· 156

7.2 修缮措施 ·· 158
　7.2.1 大木构架的修缮措施 ·· 158
　　7.2.1.1 挖补法 ·· 160
　　7.2.1.2 嵌补法 ·· 160
　　7.2.1.3 构件的更换 ··· 161
　　7.2.1.4 化学加固 ··· 161
　　7.2.1.5 机械加固 ··· 162
　　7.2.1.6 化学防腐 ··· 162
　7.2.2 屋面的修缮措施 ··· 162
　7.2.3 墙体的修缮措施 ··· 163
　7.2.4 木装修的修缮措施 ··· 163
　7.2.5 地面的修缮措施 ··· 163
7.3 各大殿修缮设计方案 ·· 164
　7.3.1 天王殿修缮设计方案 ·· 164
　7.3.2 大雄宝殿修缮设计方案 ··· 165
　7.3.3 毗卢殿修缮设计方案 ·· 165
　7.3.4 玉佛殿修缮设计方案 ·· 167
　7.3.5 天然祖堂修缮设计方案 ··· 167
　　7.3.5.1 天然祖堂——前厅（祖师殿）修缮设计方案 ········· 167
　　7.3.5.2 天然祖堂——后殿修缮设计方案 ························· 168
　　7.3.5.3 天然祖堂——耳房修缮设计方案 ························· 169
7.4 本章小结 ··· 169

第8章 结果与讨论 ·· 171

8.1 结果 ·· 171
8.2 讨论 ·· 174

附录 ·· 175

附录1 丹霞寺古建筑各大殿残损现状及修缮措施表 ················· 175
附录2 丹霞寺古建筑各大殿残损现状图纸 ······························ 181
附录3 丹霞寺古建筑各大殿修缮设计图纸 ······························ 181

参考文献 ·· 182

| 第 1 章 |

古建筑木结构修缮基础知识

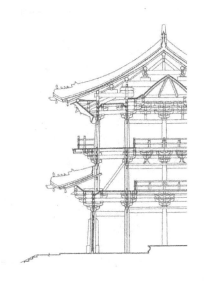

1.1 我国古建筑的主要建筑形式及特点

1.1.1 我国古建筑的主要建筑形式

我国古代木构架建筑常见房顶有硬山、悬山、庑殿、歇山和攒尖五种形式（马炳坚，2018；刘敦桢，2020）。

1.1.1.1 硬山式

硬山顶[图 1-1（a）]，一条正脊，四条垂脊，共五脊二坡。硬山顶最大的特色就是其两边山墙把檩头悉数包封住，因为其屋檐不出山墙，故名硬山。硬山顶出现较晚，在宋代《营造法式》中并未有记载，只在明清以后出现在我国南、北方住宅建筑中。因其等级低，只能使用青板瓦，不能使用筒瓦、琉璃瓦，在皇家建筑及大型寺庙建筑中，没有硬山顶的存在；多用于附属建筑及民间建筑。

1.1.1.2 悬山式

悬山顶[图 1-1（b）]，一条正脊，四条垂脊，共五脊二坡。屋檐悬伸在山墙以外，并由下面伸出的桁（檩）承托。因其桁（檩）挑出山墙之外，又称挑山顶、悬山顶或出山顶。在古代，悬山顶在等级上高于硬山顶，但低于庑殿顶和歇山顶。其多用于民间建筑。悬山顶也有无正脊的卷棚悬山。

1.1.1.3 庑殿式

庑殿顶[图 1-1（c）]，房顶有四面斜坡，又稍微向内洼陷构成弧度，故又称四阿顶，前后两坡相交处为正脊，左右两坡有四条垂脊，共五脊四坡，又叫五脊顶。宋代称庑殿，清代称庑殿或五脊殿。重檐庑殿顶庄重雄伟，是古建筑屋顶的最高等级，多用于皇宫或寺观的主殿。

1.1.1.4 歇山式

歇山顶［图1-1（d）］，前后两坡为正坡，左右两坡为半坡，半坡以上的三角形区域为山花。因为其正脊两端到屋檐处中心折断了一次，分为垂脊和戗脊，好像"歇"了一歇，故名歇山顶。歇山顶共有九条屋脊，即一条正脊、四条垂脊和四条戗脊，因而又称九脊殿。宋代称其为九脊殿、曹殿或厦两头造，清代改今称，又叫九脊顶。其为我国古建筑房顶款式之一，在标准上仅次于庑殿顶。重檐歇山顶等级仅次于重檐庑殿顶，多用于规格很高的殿堂。

1.1.1.5 攒尖式

攒尖顶［图1-1（e）］，无正脊，只有垂脊，只应用于面积不大的楼、阁、塔等，平面多为正多边形及圆形，顶部有宝顶。依据脊数多少，分三角攒尖顶、四角攒尖顶、六角攒尖顶、八角攒尖顶……此外，还有圆角攒尖顶，也就是无垂脊。攒尖顶多见于景点或景观建筑。

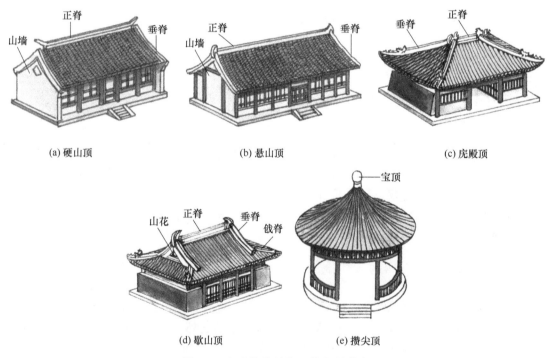

图1-1 古建筑常见的五种房顶形式

1.1.2 我国古建筑的特点

我国古建筑主要有以下几个方面的特点（文化部文物保护科研所，1983；刘敦桢，2020）。

1.1.2.1 完整的木构架体系

中国古建筑以木材、砖瓦为主要建筑材料,以木构架为主要的结构方式。此结构方式,由立柱、横梁、顺檩等主要构件建造而成,各个构件之间的结点以榫卯相吻合,构成富有弹性的框架。

常见的有抬梁、穿斗、井干三种不同的结构方式。抬梁式是在立柱上架梁,梁上又抬梁,宫殿、坛庙、寺院等大型建筑物中常采用这种结构方式[图1-2(a)]。穿斗式是用穿枋把一排排的柱子穿连起来成为排架,然后用枋、檩斗接而成[图1-2(b)],多用于民居和较小的建筑物。井干式是不用立柱和大梁的房屋结构,这种结构以圆木或矩形、六角形木料平行向上层层叠置,在转角处木料端部交叉咬合,形成房屋四壁,因其所围成的空间似井而得名[图1-2(c)],这种结构比较原始简单,现在除少数森林地区外已很少使用。

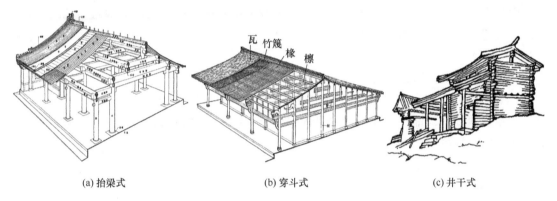

(a) 抬梁式　　　　　　(b) 穿斗式　　　　　　(c) 井干式

图1-2　中国古代木构架常见的三种结构方式(刘敦桢,2020)

1.1.2.2 多样化的群体布局

以木构架为主的中国建筑体系,平面布局的传统习惯是以间为单位构成单座建筑,再以单座建筑组成庭院,进而以庭院为单元,组成各种形式的组群。中国古代建筑的庭院与组群的布局,大都采用均衡对称的布局方式。

庭院布局大体上分两种:一种是在纵轴线上先配置主要建筑,再在主要建筑的两侧和对面布置若干座次要建筑,组合为封闭性的空间,称为四合院[图1-3(a)];另一种是在纵轴上建立主要建筑和次要建筑,再在院子的左右两侧用回廊将若干单座建筑联系起来,构成一个完整的格局,称为廊院[图1-3(b)]。

1.1.2.3 木结构优越的防震、抗震性能

首先,承重与围护结构分工明确,屋顶重量由木构架来承担,外墙起遮挡阳光、隔热防寒的作用,内墙起分割室内空间的作用。由于墙壁不承重,这种结构赋予建筑物以极大的灵活性。其次,木构架的结构所用斗拱和榫卯又都有伸缩余地,因此在一定限度内可减少地震对这种构架所引起的危害。"墙倒屋不塌"形象地表达了这种结构的特点。

(a) 四合院　　　　　　　　　　　　(b) 廊院

图 1-3　多样化的群体布局

1.1.2.4　美丽动人的艺术形象

中国古代建筑造型优美，尤以屋顶造型最为突出。屋顶中直线和曲线巧妙地组合，形成向上微翘的飞檐，不但扩大了采光面、有利于排泄雨水，而且增添了建筑物飞动轻快的美感。

中国古代建筑的彩绘和雕饰丰富多彩。彩绘具有装饰、标志、保护、象征等多方面的作用。雕饰是中国古建筑艺术的重要组成部分，包括墙壁上的砖雕、台基石栏杆上的石雕、金银铜铁等建筑饰物。雕饰的题材内容十分丰富，有动植物花纹、人物形象、戏剧场面及历史传说故事等。

1.2　木材的宏观构造特征及性质

木材的构造特征包括木材的宏观构造特征和微观构造特征，本节将主要介绍前者；木材性质包括木材的化学性质、物理性质和力学性质（刘一星 等，2012；罗蓓 等，2021）。

1.2.1　木材的宏观构造特征

用肉眼、借助 10 倍放大镜或体视显微镜所能观察到的木材构造特征称为木材的宏观构造。木材的主要宏观构造特征是木材的结构特征，它们比较稳定，包括边材和心材、生长轮、早材和晚材、管孔、木射线、轴向薄壁组织、胞间道等。

1.2.1.1　边材与心材

木质部中靠近树皮且颜色较浅的外环部分称为边材；心材是指髓心与边材之间，通常为颜色较深的木质部（图 1-4）。心材的细胞已失去生机，随着树木径向生长的不断增加和木材生理的老化，心材逐渐加宽，细胞腔出现单宁、色素、树胶、树脂以及碳酸钙等沉积物，并且颜色逐渐加深，水分输导系统阻塞，材质变硬，密度增大，渗透性降低，耐久性提高。

1.2.1.2 生长轮

通过形成层的活动，在一个生长周期中所产生的次生木质部，在横切面上呈现一个围绕髓心的完整轮状结构，称为生长轮或生长层（图1-5）。温带和寒带树木在一年里，形成层分生的次生木质部，形成后向内只生长一层，将其生长轮称为年轮。但在热带，一年间的气候变化很小，四季不分，树木几乎不间断地生长，仅受雨季和旱季的交替影响，所以一年之间可能形成几个生长轮。通常情况下，生长轮宽度越小，木材的密度越大，木材的力学强度越高。

1.2.1.3 早材与晚材

温带和寒带树木在一年中的早期形成的木材，或热带树木在雨季形成的木材，称为早材（图1-6）。由于环境温度高、水分足，细胞分裂速度快，细胞壁薄，形体较大，材质较松软，材色浅。到了温带和寒带的秋季或热带的旱季，树木的营养物质流动缓慢，形成层细胞的活动逐渐减弱，细胞分裂速度变慢并逐渐停止，形成的细胞腔小而壁厚，材色深，组织较致密，称为晚材（图1-6）。晚材在一个生长轮中所占的比例称为晚材率，晚材率的大小可以作为衡量针叶树材和阔叶树环孔材强度大小的标志。

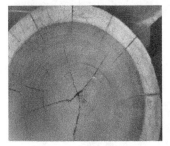

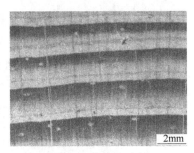

图1-4 心材与边材　　　　图1-5 生长轮　　　　图1-6 早材与晚材
（罗蓓 等，2021）　　　（罗蓓 等，2021）　　　（罗蓓 等，2021）

1.2.1.4 管孔

在阔叶树材横切面上可以看到许多大小不等的孔眼，称为管孔。根据管孔在横切面上一个生长轮内的分布和大小情况，可将树材按管孔的分布分为三种类型：散孔材指在一个生长轮内早、晚材管孔的大小没有明显区别，分布也比较均匀[图1-7（a）]；半散孔材指在一个生长轮内，早材管孔比晚材管孔稍大，从早材到晚材管孔逐渐变小，管孔的大小界线不明显[图1-7（b）]；环孔材指在一个生长轮内，早材管孔比晚材管孔大得多，并沿生长轮呈环状排成一至数列[图1-7（c）]。通常情况下，散孔材的材质比较均匀。

管孔的组合是指相邻管孔的连接形式，常见的管孔组合有以下四种形式：单管孔指各个管孔单独存在，和其他管孔互不连接[图1-8（a）]；径列复管孔指两个或两个以上管孔相连成径向排列，除了在两端的管孔仍为圆形外，在中间部分的管孔则为扁平状[图1-8（b）]；管孔链指一串相邻的单管孔，呈径向排列，管孔仍保持原来的形状[图1-8（c）]；管孔团指多数管孔聚集在一起，组合不规则，在晚材内呈团状[图1-8（d）]。

管孔排列指管孔在木材横切面上呈现出的排列方式，用于对散孔材的整个生长轮、环孔材晚材部分的特征进行描述。常见的管孔排列有以下四种形式：星散状是指在一个生长轮内，管孔大多数为单管孔或短径列复管孔，呈均匀或比较均匀地分布，无明显的排列方式［图1-8（a）］；径列是指管孔组合成径向的长列或短列，与木射线的方向一致，当管孔径向排列时，似溪流一样穿过几个生长轮，又称为溪流状（辐射状）径列［图1-8（c）］；斜列是指管孔组合成斜向的长列或短列，与木射线的方向成一定角度，通常呈"人"字形［图1-8（d）］；弦列是指在一个生长轮内，管孔沿弦向排列，略与生长轮平行或与木射线垂直（图1-9）。

在某些阔叶树材的导管中，常常含有一些侵填体（图1-10）、树胶以及矿物质等物质，这些物质的存在对木材识别以及利用都有很大的帮助。侵填体多的木材，因管孔被堵塞，气体和液体在木材中的渗透性降低，木材的天然耐久性提高。

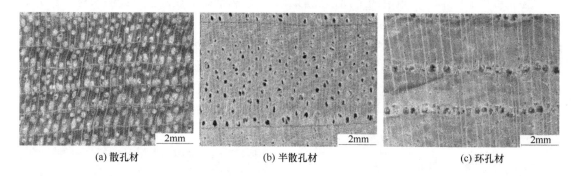

图 1-7 管孔的分布（罗蓓 等，2021）

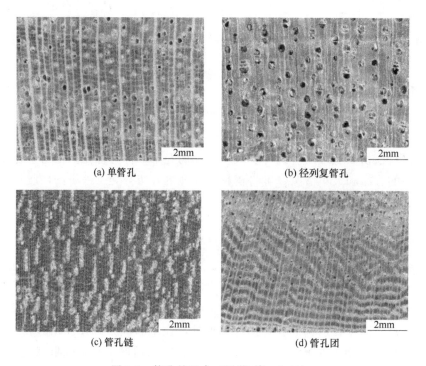

图 1-8 管孔的组合（罗蓓 等，2021）

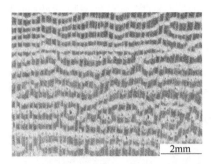
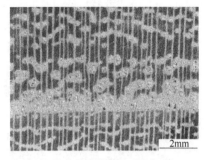

图 1-9 管孔的弦向排列（罗蓓 等，2021）　　　图 1-10 管孔内的侵填体（罗蓓 等，2021）

1.2.1.5 木射线

在木材横切面上，从髓心向树皮方向呈辐射状排列的组织称为木射线。木射线是树木的横向组织，起横向输送和贮藏养料作用。针叶树材的木射线很细小，在肉眼及放大镜下一般看不清楚，所以针叶树材的总体均匀，开裂现象不多见。大部分阔叶树材木射线较宽，是阔叶树材的重要特征之一；同时，木射线过宽［图 1-11（a）、（b）］的阔叶树材出现开裂的现象较为严重［图 1-11（c）］，从而影响木材的力学强度，并为腐朽菌和昆虫的侵害提供了场所。

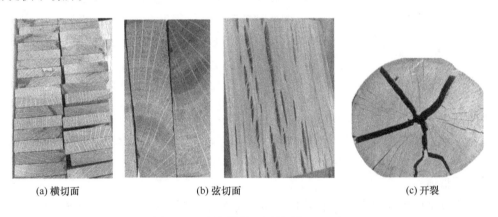

(a) 横切面　　　(b) 弦切面　　　(c) 开裂

图 1-11 宽木射线（罗蓓 等，2021）

1.2.1.6 轴向薄壁组织

轴向薄壁组织是指由形成层纺锤状原始细胞分裂所形成的薄壁细胞群，即由沿树轴方向排列的薄壁细胞所构成的组织。薄壁组织是边材储存养分的生活细胞，随着边材向心材的转化，生活功能逐渐衰退，最终死亡。

针叶树材中轴向薄壁组织通常不发达或没有，仅在杉木、柏木等少数树种中存在。但在阔叶树材中，轴向薄壁组织比较发达，在横切面上分布形式多样，它是阔叶树材的重要特征之一，它的分布类型是识别阔叶树材的重要依据。根据阔叶树材轴向薄壁组织在横切面上与导管连生情况，将其分为两大类：一类是离管型轴向薄壁组织，指轴向薄壁组织不依附于导管周围，由其分布形式的不同，又可分为星散状、切线状［图 1-12（a）］、轮界状［图 1-12（b）］、带状［图 1-12（c）］；另一类是傍管型轴向薄壁组织，指轴向薄壁组织排列在导管周围，将导管的一部分或全部围住，并且沿发达的一侧延展，可分为环管状［图 1-13（a）］、翼状和聚翼状［图 1-13（b）］、带状［图 1-13（c）］。

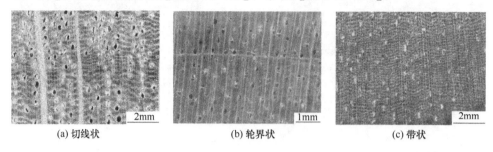

(a) 切线状　　　　　　　(b) 轮界状　　　　　　　(c) 带状

图 1-12　离管型轴向薄壁组织（罗蓓 等，2021）

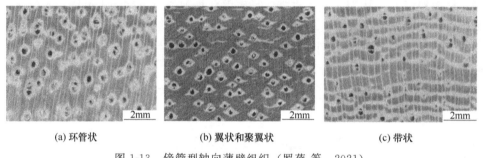

(a) 环管状　　　　　　　(b) 翼状和聚翼状　　　　　(c) 带状

图 1-13　傍管型轴向薄壁组织（罗蓓 等，2021）

1.2.1.7　胞间道

胞间道指由分泌细胞围绕而成的长形细胞间隙。贮藏树脂的胞间道叫树脂道，存在于部分针叶树材中；贮藏树胶的胞间道叫树胶道，存在于部分阔叶树材中。胞间道有轴向和径向（在木射线内）之分，有的树种只有一种，有的树种则两种都有。

（1）树脂道

针叶树材轴向树脂道在木材横切面上常呈散分布于早晚材交界处或晚材带中，常充满树脂（图 1-14）。在纵切面上，树脂道呈各种不同长度的深色小沟槽。径向树脂道存在于纺锤状木射线中，非常细小，宏观下不可见。具有正常树脂道的针叶树材主要在松科 *Pinaceae* 的六个属（松属 *Pinus*、云杉属 *Picea*、落叶松属 *Larix*、黄杉属 *Pseudotsuga*、银杉属 *Cathaya* 和油杉属 *Keteleeria*）中，其中，前五属既具有轴向树脂道又具有径向树脂道，而油杉属仅有轴向树脂道。创伤树脂道指生活的树木因受气候、损伤或生物侵袭等刺激而形成的非正常树脂道，轴向创伤树脂道体形较大，在木材横切面上呈弦向排列，常分布于早材带内。

（2）树胶道

阔叶树材的树胶道也分为轴向树胶道和径向树胶道。正常轴向树胶道多数呈弦向排列（图 1-15），容易与管孔混淆。径向树胶道在肉眼和放大镜下通常不易看见，在生物显微镜下可清晰看到。阔叶树材通常也有轴向创伤树胶道，在木材横切面上呈长弦线状排列，肉眼下可见。

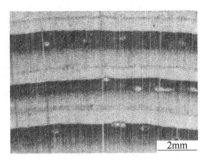

图 1-14 树脂道（罗蓓 等，2021）

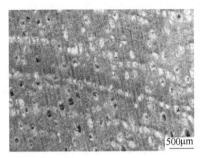

图 1-15 树胶道（罗蓓 等，2021）

1.2.2 木材的化学性质

木材纤维素、半纤维素和木质素是构成木材细胞壁和胞间层的主要化学成分，一般总量占木材的 90% 以上。由表 1-1 可见，一般针叶树材中纤维素和半纤维素的含量低于阔叶树材中的含量，但是针叶树材中木质素含量高于阔叶树材中木质素的含量。木质素具有较高的疏水性和耐腐朽能力，这也是古建筑木构件常选针叶树材的一个主要原因。

表 1-1 针叶树材和阔叶树材中三大主要成分的含量（刘一星 等，2012）

主要成分	针叶树材/%	阔叶树材/%
纤维素	42±2	45±2
半纤维素	27±2	30±5
木质素	28±3	20±4

1.2.2.1 纤维素

纤维素是不溶于水的均一聚糖。纤维素是由许多吡喃型 D-葡萄糖基在 1→4 位彼此以 β-苷键联结而成的高聚物。纤维素大分子中的 D-葡萄糖基之间按纤维素二糖联结的方式联结。

（1）纤维素的两相结构

纤维素分结晶区和非结晶区，在大分子链排列最致密的地方，分子链规则平行排列，定向良好，反映出一些晶体的特征，所以被称为纤维素的结晶区。与结晶区的特征相反，当纤维素分子链排列的致密程度减小，分子链间形成较大的间隙时，分子链与分子链彼此之间的结合力下降，纤维素分子链间排列的平行度下降，此类纤维素大分子链排列特征被称为纤维素非结晶区（即无定形区）。

纤维素结晶度是指纤维素结晶区所占纤维素整体的百分率，它反映纤维素聚集时形成结晶的程度。结晶度增加，木材的抗拉强度、硬度、密度及尺寸的稳定性均随之增大。

（2）纤维素的吸湿性

纤维素无定形区分子链上的羟基，部分处于游离状态，游离的羟基易于吸附极性的水分子，与其形成氢键结合，使其具有吸湿性质。吸湿性的大小取决于无定形区的大小及游离羟基的数量，吸湿性随无定形区的增加即结晶度的降低而增大。纤维素的吸湿性直接影响到木材或木构件的尺寸稳定性及强度。

(3) 纤维素的降解

纤维素在受各种化学、物理等作用时，大分子中的苷键和碳原子间的碳—碳键都可能受到破坏，结果使纤维素的化学、物理和机械性质发生某些变化，并且导致聚和度降低，称为降解。纤维素的降解直接影响到木材或木构件的力学强度。纤维素的降解包括水解、碱性降解、氧化降解、热解、光降解、微生物降解等。

1.2.2.2 半纤维素

半纤维素是植物组织中聚合度较低的非纤维素聚糖类，可被稀碱溶液抽提出来。与纤维素不同，半纤维素是两种或两种以上单糖组成的不均一聚糖，分子量较低，聚合度小，大多带有支链。构成半纤维素的主链的主要单糖有：木糖、甘露糖和葡萄糖。构成半纤维素的支链的主要单糖有：半乳糖、阿拉伯糖、木糖、葡萄糖、岩藻糖、鼠李糖、葡糖醛酸和半乳糖醛酸等。通常用分支度表示半纤维素结构中支链的多少，支链多的分支度高，分支度高的聚糖溶解度较大，性能更不稳定。

半纤维素对木材吸湿性起决定性的影响。半纤维素是无定形物，具有分支度，主链和侧链上含有较多羟基、羧基等亲水性基团，是木材中吸湿性强的组分，是使木材产生吸湿膨胀、变形开裂的重要因素之一。

1.2.2.3 木质素

木质素是一种天然的高分子聚合物，是由苯基丙烷结构单元通过醚键和碳-碳键连接而成、具有三维结构的芳香族高分子化合物。根据单元的苯基结构上的差别，可以把苯基丙烷单元分成愈创木基丙烷（G）、紫丁香基丙烷（S）和对羟基丙烷（H）三类。

(1) 木质素的热塑性

原本木质素和大多数分离木质素都是热塑性高分子物质，无确定的熔点，具有玻璃态转化温度（T_g）或转化点，而且数值较高。聚合物的玻璃态转化温度（T_g）是玻璃态和高弹态之间的转变。聚合物在温度低于 T_g 时为玻璃态，温度在 T_g 与 T_f（T_f 为黏流态温度）之间时为高弹态，温度高于 T_f 时为黏流态（图1-16）。当温度低于 T_g 时分子的能量很低，链段运动被冻结，物质为玻璃态固体，即链段运动的松弛时间远远大于力作用时间，以致测量不出链段运动所表现出的形变。随着温度升高，高分子热运动能量和自由体积逐渐增加。当温度达到 T_g 时，分子链段运动加速，此时链段运动的松弛时间与观察时间相当，形变迅速，即出现无定形高聚物力学状态的玻璃态转化区。当温度高于 T_f 时，转变为黏流态，高聚物像黏流

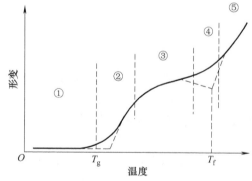

图1-16 线形无定形聚合物的温度-形变曲线（刘一星 等，2012）

[区域①：玻璃态；区域②：玻璃态与高弹态转变区；区域③：高弹态；区域④：高弹态与黏流态转变区；区域⑤：黏流态]

体一样,产生黏性流动。

降低木质素的玻璃态转化温度（T_g）,可大大降低木材的弹性模量,从而使木材的软化温度降低,以便于对木材的弯曲处理和压缩密实处理。但对于古建筑上的木构件来说,此方法将大大降低其力学强度。

(2) 木质素具有光解反应

木质素对光是不稳定的,当用波长小于 385nm 的光线照射时,木质素的颜色会变深;若波长大于 480nm,则木质素的颜色变浅。而当光线波长在 385~480nm 时,开始颜色变浅,然后变深。木材随时间流逝而颜色变深,木材表面的光降解引起木材品质的劣化。

1.2.3 木材的物理性质

1.2.3.1 木材的密度

木材是由木材实质、水分及空气组成的多孔性材料,其中空气对木材的重量没有影响,但是木材中水分的含量与木材的密度有密切关系。因此对应着木材的不同水分状态,木材密度可以分为生材密度、气干密度、绝干密度和基本密度。在比较不同树种的材性时,则使用基本密度。不同树种的木材,其密度也有很大差异,这主要是由不同树种的木材空隙度不同引起的。通常情况下,木材密度和木材的力学强度呈正比关系,空隙度越大,木材的密度越小,木材的力学强度越低。

1.2.3.2 木材中的水分

木材中水分的种类包括化合水、自由水和结合水三类。化合水存在于木材化学成分中,可忽略不计。自由水存在于木材的细胞腔中,与液态水的性质接近。结合水存在于细胞壁中,与细胞壁无定形区（由纤维素非结晶区、半纤维素和木质素组成）中的羟基形成氢键结合。在纤维素的结晶区中,相邻的纤维素分子上的羟基相互形成氢键结合或者形成交联结合（图 1-17）,因此,水分不能进入纤维素的结晶区（图 1-18）。

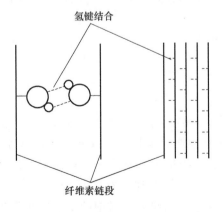

图 1-17 纤维素链段间的氢键结合
（刘一星 等,2012）

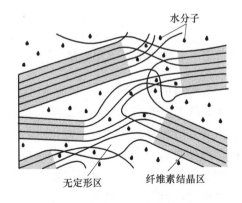

图 1-18 水分子在木材细胞壁中的位置
（刘一星 等,2012）

对于生材来说，细胞腔和细胞壁中都含有水分，其中自由水的水分量随着季节变化，而结合水的量基本保持不变。假设把生材放在相对湿度为100%的环境中，细胞腔中的自由水慢慢蒸发，当细胞腔中没有自由水，而细胞壁中结合水的量处于饱和状态，这时的状态称为纤维饱和点。当把生材放在大气环境中自然干燥，最终达到的水分平衡态称为气干状态。气干状态的木材的细胞腔中不含自由水，细胞壁中含有的结合水的量与大气环境处于平衡状态。当木材的细胞腔和细胞壁中的水分被完全除去时木材的状态称为绝干状态。木材的不同状态与木材中水分的存在状态与存在位置的对应关系如图1-19所示，只要细胞腔中含有水分，就说明细胞壁中的水分处于饱和状态。

纤维饱和点是一个临界状态，是木材性质变化的转折点。因为一般自由水的量对木材的物理性质（除重量以外）的影响不大，而结合水含量的多少则对木材的各项物理、力学性质都有极大的影响。木材含水率高于纤维饱和点时，木材的形状、力学强度、耐腐朽能力等性质都几乎不受影响；木材含水率低于纤维饱和点时，上述木材性质就会因含水率的增减产生显著而有规律的变化（图1-20）。

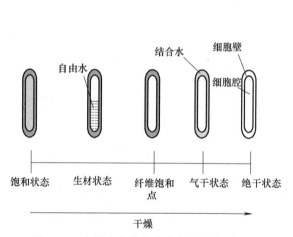

图1-19　木材中水分的存在状态和存在位置
（刘一星 等，2012）

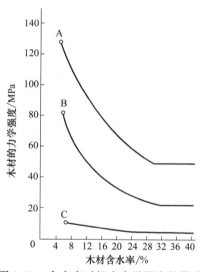

图1-20　含水率对松木力学强度的影响
A—横向抗弯；B—顺纹抗压；C—顺纹抗剪
（刘一星 等，2012）

1.2.3.3　木材的干缩湿胀现象

（1）木材的吸湿性

木材的吸湿性指木材在一定温度和湿度下吸附水分的能力。由于木材具有吸、放湿特性，当外界的温湿度条件发生变化时，木材能相应地从外界吸收水分或向外界释放水分，从而与外界达成一个新的水分平衡体系。木材在平衡状态时的含水率称为该温湿度条件下的平衡含水率。当空气中水蒸气压力大于木材表面水蒸气压力时，木材从空气中吸着水蒸气，称吸湿；当空气中水蒸气压力小于木材表面水蒸气压力时，木材中的水蒸气蒸发到空气中，称解湿（图1-21）。

影响木材的吸湿性高低的因素主要包括吸着力、内表面、环境温度和湿度。吸着的固体表面结合中心的点称为吸着点,木材吸着量取决于吸着点的数量和吸着力。非结晶构造的木质素和半纤维素中大部分或全部的—OH、—COOH,纤维素非结晶区中的—OH等为吸着点。三大素吸湿性:半纤维素＞纤维素＞木质素。即一种木材中,半纤维素和纤维素含量高的话,它的吸湿性就强;相反,木质素含量高的话,它的吸湿性就弱,且耐腐朽的能力也高。吸着点所存在的表面称为吸着表面,又称为内部表面,木材内存在大毛细管系统和微毛细管系统,具有很高的空隙率和巨大的内部表面。当空气相对湿度一定而温

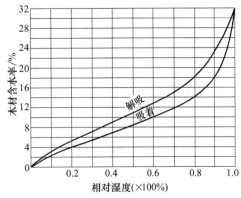

图1-21 木材的吸湿和解湿
(刘一星 等,2012)

度不同时,木材的吸湿率随着温度的上升而减小。当空气温度一定而相对湿度不同时,木材的吸湿率随着相对湿度的升高而增大。一般而言,相对湿度每升高1%,木材的吸湿率增加0.121%。

(2) 木材的干缩湿胀现象

木材干缩湿胀是指木材在绝干状态至纤维饱和点的含水率区域内,水分的解吸或吸着会使木材细胞壁产生干缩或湿胀的现象。当木材的含水率高于纤维饱和点时,含水率的变化并不会使木材产生干缩和湿胀。

木材结构特点使其在性质上具有较强的各向异性,同样,木材的干缩与湿胀也存在着各向异性。木材干缩湿胀的各向异性是指木材的干缩和湿胀在不同方向上的差异。

对于大多数的树种来说,轴向干缩率一般为0.1%~0.3%,而径向干缩率和弦向干缩率的范围则为3%~6%和6%~12%。可见,三个方向上的干缩率以轴向干缩率为最小,通常可以忽略不计,这个特征保证了木材或木制品作为建筑材料的可行性。但是,横纹干缩率的数值较大,若处理不当,则会造成木材或木制品的开裂和变形。

木材的干缩湿胀现象是木材的属性,但可以通过物理的、化学的方法去减少这种现象的发生(表1-2)。

表1-2 提高木材尺寸稳定性的方法

分类	具体方法
物理法	1. 在锯解时尽量做到尺寸变化小 2. 根据使用条件进行润湿处理 3. 纤维方向交叉层综合平衡 　　a. 垂直相交——胶合板、定向刨花板; 　　b. 不定向组合——刨花板、纤维板 4. 覆面处理 　　a. 外表面覆面——涂饰、贴面; 　　b. 内表面覆面——浸注性拒水剂处理、木塑复合材 5. 填充细胞腔 　　a. 非聚合性药品——聚乙二醇处理; 　　b. 聚合性药品——木塑复合材 6. 细胞壁增容 　　a. 非聚合性药品——聚乙二醇、各种盐处理; 　　b. 聚合性药品——酚醛树脂处理

续表

分类	具体方法
化学法	1. 减少亲水基团——热处理 2. 置换亲水基团——醚化、酯化 3. 聚合物的接枝 　　a. 加成反应——环氧树脂处理； 　　b. 自由基反应——用乙烯基单体制造木塑复合材 4. 交联反应——γ射线照射、甲醛处理

1.2.4 木材的力学性质

1.2.4.1 应力与应变的关系

木材在外力作用下产生的变形与外力的大小有关，通常用应力-应变曲线来表示它们的关系[图1-22（a）]。应力-应变曲线可以描述物体从受外力开始直到破坏时的力学行为，是研究物体力学性质非常有用的工具。应力-应变曲线由从原点 O 开始的直线部分 OP 和连续的曲线部分 $PEDM$ 组成，曲线的终点 M 表示物体的破坏点。

比例极限与永久变形：直线部分的上端点 P 对应的应力 σ_P 叫比例极限应力，对应的应变 ε_P 叫比例极限应变；从比例限度 P 点到其上方的 E 点间对应的应力叫弹性极限。应力在弹性极限以下时，一旦除去应力，物体的应变就会完全回复，这样的应变称作弹性应变。应力一旦超过弹性限度，应力-应变曲线的斜率减小，应变显著增大，这时如果除去应力，应变不会完全回复，其中一部分会永久残留，这样的应变称作塑性应变或永久应变。

破坏应力与破坏应变：随着应力进一步增加，应力在 M 点达到最大值，物体产生破坏。M 点对应的最大应力 σ_M 称作物体的破坏应力、极限强度等。与破坏应力对应的应变 ε_M 叫破坏应变。

屈服应力：当应力值超过弹性限度值并保持一定或基本上一定，而应变急剧增大，这种现象叫屈服，而应变突然转为急剧增大的转变点处的应力叫屈服应力[图1-22（b）]。

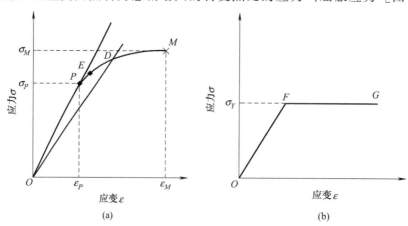

图1-22　应力-应变曲线（模式图）（刘一星 等，2012）

其中 σ_Y 表示屈服应力，当木材用作承重木构件时，出现屈服现象是很危险的；用作弯曲、压缩等处理时，此现象又是理想的。

1.2.4.2 木材的黏弹性

在较小的应力和较短的时间里，木材的性能十分接近于弹性材料；反之，则近似于黏弹性材料。所以木材属于既有弹性又有塑性的黏弹性材料。蠕变和松弛是黏弹性的主要内容。

（1）木材的蠕变

在恒定应力下，木材应变随时间的延长而逐渐增大的现象称为蠕变。木材作为高分子材料，在受外力作用时，由于其黏弹性而产生3种变形：瞬时弹性变形、黏弹性变形及塑性变形。与加荷速度相适应的变形称为瞬时弹性变形，它服从于虎克定律；加荷过程终止，木材立即产生随时间递减的弹性变形，称黏弹性变形（或弹性后效变形）；最后残留的永久变形被称为塑性变形。黏弹性变形是纤维素分子链的卷曲或伸展造成的，变形是可逆的，但与弹性变形相比它具有时间滞后性。塑性变形是纤维素分子链因荷载而彼此滑动，变形是不可逆转的。

木材的蠕变曲线如图1-23所示，横坐标为时间，纵坐标为应变。t_0 时施加应力于木材，即产生应变 OA，在此不变应力下，随时间的延长，变形继续慢慢地增加，产生蠕变 AB。在时间 t_1 时，解除应力，便产生弹性恢复 BC_1（$=OA$）；至时间 t_2 时，又出现部分蠕变恢复（应力释放后随时间推移而递减的弹性变形），C_1 到 D 是弹性后效变形 C_1C_2；t_2 以后变形恢复不大，可以忽略不计，于是 C_2C_3 即可作为荷载-卸载周期终结的残余永久变形（塑性变形）。木材蠕变曲线变化表现的正是木材的黏弹性质。

（2）木材的松弛

若使木材这类黏弹性材料产生一定的变形，并在时间推移中保持此状态，就会发现对应此恒定变形的应力会随着时间延长而逐渐减小，这种在恒定应变条件下应力随时间的延长而逐渐减小的现象称为应力松弛，或简称松弛。

产生蠕变的材料必然会产生松弛。松弛与蠕变的区别在于：在蠕变中，应力值是常数，应变是随时间变化的可变量；而在松弛中，应变值是常数，应力是随时间变化的可变量。木材之所以产生这两种现象，是因为它是既具有弹性又具有塑性的黏弹性材料。松弛过程用应力-时间曲线表示，应力-时间曲线也被称作松弛曲线（图1-24）。

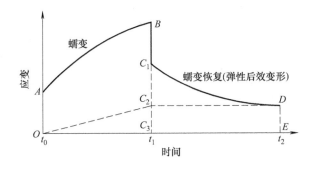

图1-23 木材的蠕变曲线（刘一星 等，2012）

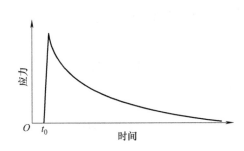

图1-24 木材的松弛曲线（刘一星 等，2012）

1.2.4.3 影响木材力学性质的主要因素

(1) 木材密度的影响

木材密度是单位体积内木材细胞壁物质的数量，是决定木材强度和刚度的物质基础。木材强度和刚度随木材密度的增大而提高。

(2) 含水率的影响

含水率在纤维饱和点以上时，自由水虽然充满导管、管胞和木材组织其他分子的大毛细管，但只浸入到木材细胞腔内部和细胞间隙，同木材的实际物质没有直接相结合，所以对木材的力学性质几乎没有影响，木材强度呈现出一定的值。当含水率处在纤维饱和点以下时，结合水吸着于木材内部表面上，随着含水率的下降，木材发生干缩，胶束之间的内聚力增大，内摩擦系数增大，密度增大，因而木材力学强度急剧增加。

(3) 温度的影响

在20～160℃范围内，木材强度随温度升高而较为均匀地下降；温度超过160℃，会使木材中构成细胞壁基体物质的半纤维素、木质素这两类非结晶型高聚物发生玻璃化转变，从而使木材软化，塑性增大，力学强度下降速率明显增大。

(4) 长期荷载的影响

荷载持续时间会对木材强度有显著的影响（见表1-3）。

表1-3 松木强度与荷载时间的关系

受力性质	瞬时强度/%	当荷载为下列天数时,木材强度的百分率/%				
		1天	10天	100天	1000天	10000天
顺纹受压	100	78.5	72.5	66.7	60.2	54.2
静力弯曲	100	78.6	72.6	66.8	60.9	55.0
顺纹受剪	100	73.2	66.0	58.5	51.2	43.8

(5) 纹理方向及超微构造的影响

当针对直纹理木材顺纹方向加载时，荷载与纹理方向间的夹角为0°，木材强度值最高。当此夹角增大时，木材强度和弹性模量将有规律地降低。如：此夹角增大5°时，冲击韧性降低10%；增大10°时，冲击韧性降低50%。

(6) 缺陷的影响

有节子的木材一旦受到外力作用，节子及节子周围产生应力集中，与同一密度的无节木材相比，表示出小的弹性模量。

1.3 木材的生物损害

木材的生物损害包括微生物损害和昆虫损害两类（郭梦麟 等，2010；曹金珍，2018）。

1.3.1 木材的微生物损害

危害木材的微生物主要有真菌类和原核生物类两类（图1-25）。真菌依靠风、水和昆虫散播孢子，只要孢子落在适合生长的地方，这些孢子就像植物的种子一样发芽滋长，真菌还可以无性繁殖，所以真菌比昆虫更难防治。引起木材腐朽（软腐、白腐、褐腐）的木腐菌，通过侵蚀木材的化学成分（纤维素、半纤维素、木质素）从而引起其他性能的降低；引起木材表面发霉的霉菌仅造成木材外观质量的下降；引起木材边材变色的变色菌，对木材的其他性能影响不大。

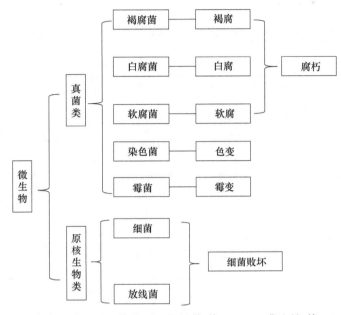

图1-25　危害木材的微生物类型（郭梦麟 等，2010；曹金针 等，2018）

而细菌腐朽存在于处于几乎缺氧状况（如：长期埋在土里、长期置于水中、长期处于高湿状态）的木材中。细菌破坏木材的程度及速度，远不如虫害及真菌腐朽那么严重。

1.3.1.1 木材真菌腐朽的产生条件

（1）丰富的养料

腐朽真菌以纤维素及半纤维素为主要营养，有些白腐菌也可消化木质素。真菌的生长需要稍大量的氮、磷和锰，也需微量的铁、锌、铜、镁、钨和钙，这些元素都可从木材中获得。

（2）充足的水分

腐朽真菌适于在含水率30%～50%的木材里生长，但软腐菌能在高含水率的木材里滋长。木材的含水率低于纤维饱和点时，真菌就不容易生长，因此保持木材的含水率低于20%是很有效的控制真菌腐朽的措施。

（3）适宜的温度

最适宜真菌生长的温度范围为25～30℃；温度为40℃时，大部分真菌停止生长；而真菌孢子可在冰点以下存活很长的时间。

（4）合适的介质pH值

真菌需要相当量的氢离子，pH值为4.5～5.5的环境最适合真菌的生长。大部分木材的 pH 值在这个范围,所以木材很容易被真菌腐朽。

(5) 充足的氧气

真菌和其他生物一样需要氧气。较高的二氧化碳浓度则会限制真菌的生长,置于二氧化碳浓度 25% 以上的环境五天即可杀灭真菌。

1.3.1.2 木材真菌腐朽的类型

真菌腐朽根据不同的特性而分为软腐、白腐及褐腐,其中褐腐的破坏力最严重(表 1-4)。

表 1-4 不同木材腐朽类型比较(郭梦麟 等,2010;曹金针 等,2018)

项目	褐腐(brown rot)	白腐(white rot)	软腐(soft rot)
菌类	褐腐菌	白腐菌	软腐菌
所属纲	担子菌纲	担子菌纲	子囊菌纲或半知菌纲
危害木材种类	针叶材	阔叶材	针叶材、阔叶材
木材含水率	半湿材	半湿材	与水长期接触或在潮湿土壤中的湿木材
宏观特征	早期变化不明显,逐渐变为红褐色,呈块状裂纹(正方形图案)	早期变化不明显,逐渐变白,有斑点,有暗色带线	早期木材变软,出现小裂痕,表面黑褐色,逐渐向内发展
分解的木材成分	分解纤维素、半纤维素,留下木质素	几乎分解全部化学成分,尤其是木质素	主要为纤维素

(1) 软腐

从外部形态上看,软腐先在木材表面发生,使木材组织变软,逐渐向内发展,软腐材之表面呈浅褐色而松软,所以被命名为软腐。风干之后表面呈细棋盘状裂纹(图 1-26)。软腐的进展速度甚慢,先从含水率较高的表面蔓延,等到表层木材被消耗之后才开始向内发展,因此被软腐菌破坏之处,木材多半已无丝毫强度留存。

从解剖构造上观察,软腐菌以两种方式侵袭木材细胞壁:一种是沿着次生细胞壁中层 S_2 层微纤丝的走向向里挖空(图 1-27),并且不留下木质素,称之为钻洞型;另一种形式是从次生细胞腔壁由 S_3 层的表面向胞间层方向蛀蚀,称之为啃蚀型。

从化学成分上分析,钻洞型主要是从次生细胞壁 S_2 层里消化纤维素和半纤维素取得营养,虽然也可以分解木质素,但其速度较慢。真菌丝所经之处不留木质素残迹,是因为残留在 S_2 层浓度低的木质素失去微纤丝支架而完全溃散。啃蚀型软腐与白腐的腐蚀方式相似,其化学变化应与白腐材相似。

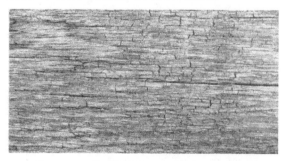

图 1-26 软腐外观(郭梦麟 等,2010)

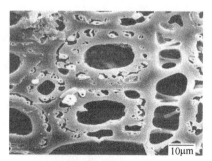

图 1-27 钻洞型软腐(郭梦麟 等,2010)

(2) 白腐

从外部形态上看，白腐使木材呈浅白色，腐朽材呈海绵状或蜂窝状或表面呈大理石花纹状，其表面凹凸不平，纤维变短，表面粗糙断裂（图1-28）。

从解剖构造上观察，白腐菌在阔叶树材和针叶树材中以不同的方式化解细胞壁。在阔叶树材里，菌丝从细胞腔内局部破坏细胞壁，也在富于木质素的细胞角落里造成破坏（图1-29）。在针叶树材里，菌丝并不进入细胞角落，仅透过附着在细胞腔壁表面的黏鞘均匀地逐渐把细胞壁削薄。菌丝不进入针叶树材的细胞角落，是因为白腐菌不易分解愈创木基木质素，但很容易分解阔叶树材细胞角落里的紫丁香基/愈创木基木质素。

从化学成分上分析，白腐菌能同时分解木材的纤维素、半纤维素，特别是消化木质素。在初期，木质素分解比纤维素和半纤维素的分解更快，而造成漂白作用。阔叶树材因木质素含量较低且木质素主要为愈创木基木质素，比针叶树材更易遭白腐，而且被破坏的程度也较严重。

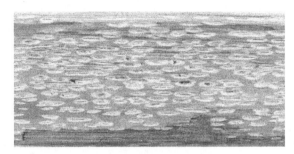

图1-28 白腐外观（郭梦麟 等，2010）

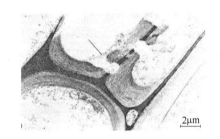

图1-29 白腐菌局部腐蚀枫香木细胞壁和细胞角落（郭梦麟 等，2010）

(3) 褐腐

木材褐腐造成的财物损失仅次于火灾及虫害。

从外部形态上看，褐腐的木材外观呈深褐色至咖啡色，干燥之后，木材表面因为极度收缩，产生极深的纵横裂纹，呈龟裂状或方块状（图1-30）。褐腐之碎块可在手指之间被捏成粉末，这个粉末的纤维素及半纤维素含量很低，几乎只剩下了木质素。

从解剖构造上观察，菌丝从木射线细胞蔓延到导管，再从导管进入木纤维细胞壁，并慢慢分解木纤维细胞壁，先消耗其次生壁中层S_2层使其成为空层［图1-31（a）］，再消耗次生壁外层S_1层和内层S_3层，最后只剩下薄的胞间层［图1-31（b）］。

从化学成分上分析，褐腐菌消化纤维素及半纤维素以获取营养，而留下木质素。针叶树材一般要比阔叶树材耐真菌腐朽，这是因为针叶树材木质素的29%是愈创木基型木质素，而阔叶树材木质素的21%则是愈创木基型和紫丁香基型混合木质素。紫丁香基木质素C_3及C_5位上各有一个—OCH_3，比较容易被氧化，愈创木基型木质素不容易被真菌的氧化酶氧化，因此稍能阻碍纤维素和半纤维素的分解。这也是古建筑上多使用针叶材（如：松木、柏木、杉木等）的一个主要原因。

图1-30 木材褐腐纵横龟裂状外观（戴玉成，2009）

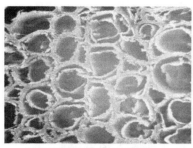
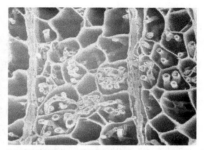

(a) 纤维细胞壁的S_2层已成空层　　(b) 腐朽末期时木纤维细胞壁只剩下胞间层

图 1-31　褐腐解剖构造上的变化（郭梦麟 等，2010）

1.3.1.3　真菌腐朽对木材强度的影响

木材在腐朽初期，除了冲击弯曲强度外，其他力学性质几乎没有变化。随着腐朽的继续发展，木材的强度显著降低。软腐从湿润的木材表面，缓慢地向内推进，对木材整体强度没有很大的影响，但是已腐朽的部分则已崩溃。白腐和褐腐都能使木材大幅度失去强度，但强度降低的速度比质量损失的速度要快得多，尤其是褐腐因为纤维素的分解，使纤维素的聚合度在褐腐感染初期就迅速降低，木材虽然仅有10％以下的质量损失，但抗弯强度和冲击强度的损失，分别在30％及50％以上。

1.3.1.4　木材的霉菌损害

只要空气湿度在90％以上，霉菌就可以在木材表面滋长，一般霉菌菌丝并不深入木材组织内部，对细胞壁几乎没有影响，所以并不降低其强度。

不同的霉菌，其孢子带各种不同的颜色，使得木材产生不同的颜色（图1-32）。如：木腐菌（*trichoderma*）使木材产生绿色；曲霉菌（*aspergillus*）使木材产生黑色；镰刀霉（*fusarium*）使木材产生红至紫色；青霉菌（*penicillium*）使木材产生绿色；枝孢子菌（*cladosporium*）使木材产生深绿至黑色；葡萄状穗霉（*stachybotrys*）使木材产生黑色。

图 1-32　木材上的霉菌

控制环境的相对湿度、控制木材含水率保持在 20% 以下可防止霉菌的蔓延，对于房屋的建造要注意防止漏水及渗水，可有效预防霉菌的发生。

采用八硼酸钠（DOT）、百菌清及二甲基氯化铵（DDAC）等均可减少霉菌生长，是控制木材霉菌的有效方法。但单独使用却不能全面控制，八硼酸钠和百菌清合用的效果最好。

1.3.2 木材的昆虫损害

木材虫害指各种昆虫危害木材所造成的缺陷。危害木材的昆虫主要包括白蚁类、木粉蠹虫类、甲虫类、蜂蚁类和蛾蝶类。其中，白蚁类和甲虫类以木材为食物，造成的损害严重，而蜂蚁类及蛾蝶类的昆虫则多半只栖息于木材中，危害轻微。

1.3.2.1 白蚁类

根据生活习性，重要的白蚁又分为土白蚁（*subterranean termite*）、干木白蚁（*drywood termite*）和湿木白蚁（*dampwood termite*）三类。白蚁的主要食物是得自木材的纤维素，也吃真菌得到氮元素。白蚁自己不能消化纤维素，靠肠里的单细胞原生动物消化纤维素得到简单糖类为营养。木质材料的昆虫破坏约有 90% 是由白蚁造成，其中又以土白蚁的破坏为最强。

（1）土白蚁

土白蚁在地下筑窝巢栖息，消耗完邻近的木质食物之后就到地面上觅食。土白蚁只嚼食木材中较柔软的早材，留下密度高的晚材和薄外壳（图 1-33）。其在地下或地上都筑信道觅食，信道由土粒及木屑以其粪便黏着筑成（图 1-34）。在建筑物的表面发现这种通道，表示有白蚁活动，立即清除通道，使已进入房屋的白蚁无通道回巢，是最好的白蚁防患措施。

另外，房舍设计时切勿使木质材料直接接触地面，在一定程度上可有效地预防土白蚁建立向上的通道。

（2）湿木白蚁

湿木白蚁在湿润或真菌腐朽中的木材里筑窝生活，窝巢建立之后也会啃蚀邻近的干木材。湿木白蚁将长圆形的粪便粒排出窝巢和嚼食区，其便粒表面平滑。湿木白蚁嚼食木材的形态与土白蚁稍有不同：湿润和半腐朽的木材较为松软，因此湿木白蚁把松软部分的早材和晚材全部嚼食，在干燥区域里则只嚼食早材而留下晚材。

湿木白蚁不建信道，而且在房舍内的湿木材内部筑巢，外排的便粒也不一定看得见，所以比较难侦测。保持房舍四周庭院的清洁、清理碎木和枯木，是必要的预防措施。

（3）干木白蚁

干木白蚁可从木材裂缝进入木材，必要时还会直接在木材表面嚼孔进入，干木白蚁无须与土壤接触而在干木里筑巢嚼食生活。干木白蚁生性隐闭，一旦进入木材，就不在巢穴之外漫游寻食，因此不筑信道，它们不须依靠水存活，生理所需的水分得自消化木材。干木白蚁沿着木纹方向同时嚼食早材及晚材，经久之后能把这些通道贯穿，把整片板材挖空而仅留下薄壳（图 1-35）。干木白蚁生性好整洁而把粪便外排，其粪便粒带有棱角

（图1-36），而湿木白蚁的粪便粒表面平滑。

一般来说，很难察觉干木白蚁，因此最有效的治理方式是采用熏蒸法熏蒸整个房舍，把所有干木白蚁杀灭。

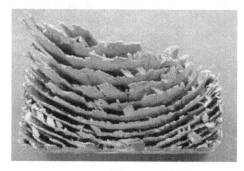

图1-33　土白蚁留下的晚材（郭梦麟 等，2010）

图1-34　土白蚁的信道（郭梦麟 等，2010）

图1-35　干木白蚁几乎将整片板材挖空（郭梦麟 等，2010）

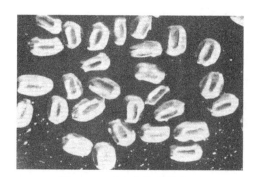

图1-36　干木白蚁的粪便粒带有棱角（郭梦麟 等，2010）

1.3.2.2　木粉蠹虫类

木粉蠹虫类（*powderpost beetles*）危害木材的程度仅次于白蚁，因其粪便呈细粉状而得名。泛黄的排泄粉末表示该感染已不活跃［图1-37（a）］，浅色外排粉末表示该感染仍然活跃［图1-37（b）］。常见的木粉蠹虫有粉蠹（*lyctid*）、窃蠹（*anobiid*）及长蠹（*bostrichid*）。

粉蠹幼虫沿着木纹嚼食，留下粉状排泄物，嚼食道直径随着幼虫发育而增长，最后幼虫钻至表面下蛹化。嚼食道及成虫钻出孔直径0.8～1.6mm，成虫出孔时将排泄物外排，之后嚼食道内松弛的木粉也会由钻孔口掉落。窃蠹成虫在木材表面上的小裂缝产卵，孵化后幼虫先垂直嚼食木材一小段距离，然后沿木纹嚼食早材并将排泄物和木屑紧塞在食道内，成虫的出孔直径约1.6～3mm，出孔时将一些粪便粒及木屑排出。长蠹成虫嚼食木材并在嚼食道产卵，产完卵后把粉状排泄物外排出洞，孔口直径约2.5～7mm。一个生命周期通常为一年，木材非常干燥或养分低时则可延长至数年，幼虫嚼食时将粉状排泄物紧紧地堆集在嚼食道里，即使敲打受害物，其内的粉状排泄物仍不外泄。

木材感染木粉蠹虫的初期不易被发觉，往往在发现钻出孔口和排泄物时已遭到相当程度的破坏，一旦发现感染，除了更换耐腐材料之外，没有其他好方法治理。使用养分低的材料和保持其干燥为最好的预防。

(a) 泛黄的排泄粉末表示该感染已不活跃

(b) 浅色外排粉末表示该感染仍然活跃

图 1-37　木粉蠹虫的粉状排泄物（郭梦麟 等，2010）

1.3.3　腐朽和虫蛀等级的判定

木构件表面的腐朽程度等级（表 1-5）和白蚁蛀蚀程度等级（表 1-6）的划分依据来自国家标准：GB/T 13942.2—2009。

表 1-5　木构件表面的腐朽程度等级划分（GB/T 13942.2—2009）

等级	分级标准
10 级	材质完好，肉眼观察无腐朽症状，即无腐朽
9.5 级	表面因微生物入侵变软或表面部分变色
9 级	截面有 3% 轻微腐朽
8 级	截面有 3%(不含)~10% 腐朽
7 级	截面有 10%(不含)~30% 腐朽
6 级	截面有 30%(不含)~50% 腐朽
4 级	截面有 50%(不含)~75% 腐朽
0 级	腐朽到损毁程度，能轻易折断

表 1-6　木构件表面的白蚁蛀蚀程度等级划分（GB/T 13942.2—2009）

等级	分级标准
10 级	完好
9.5 级	表面仅有 1~2 个蚁路或蛀痕
9 级	截面有小于 3% 明显蛀蚀
8 级	截面有 3%(不含)~10% 蛀蚀
7 级	截面有 10%(不含)~30% 蛀蚀
6 级	截面有 30%(不含)~50% 蛀蚀
4 级	截面有 50%(不含)~75% 蛀蚀
0 级	试样蛀断

1.4 古建筑木结构材质状况勘查评估

现状勘测是对建筑现状了解、认识的过程。通过勘查，了解古建筑当前问题所在，为保护维修方案的制定提供修缮依据，为工程概预算提供依据；同时，在勘查中可以获得大量的历史、文化、艺术信息，从而充实古建筑的档案资料；通过勘查，还可为古建筑价值评估提供依据（GB 50165—92；GB/T 50165—2020）。

1.4.1 勘查评估应遵循的相关规定

为做好古建筑的保护工作，应掌握下列基础资料：古建筑所在区域的地震、雷击、洪水、风灾等史料；古建筑所在地区的地震基本烈度和场地类别；古建筑保护区的火灾隐患分布情况和消防条件；古建筑所在区域的环境污染源，如水污染源、有害气体污染源、放射性元素污染源等；古建筑保护区内其他有害影响因素的有关资料。若有特殊需要，尚应进一步掌握下列资料：古建筑所在地的区域地质构造背景；古建筑场地的工程地质和水文地质资料；古建筑保护区的近期气象资料；古建筑保护区的地下资源开采情况。

古建筑的勘查应遵守下列规定：勘查使用的仪器应能满足规定的要求。对于长期观测的对象，尚应设置坚固的永久性观测基准点；禁止使用一切有损于古建筑及其附属文物的勘查和观测手段，如温度骤变、强光照射、强振动等；勘查结果，除应有勘查报告外，尚应附有该建筑物残损情况和尺寸的全套测绘图纸、照片和必要的文字说明资料；在勘查过程中，若发现险情或发现题记、文物，应立即保护现场并及时报告主管部门，勘查人员不得擅自处理。

1.4.2 古建筑残损情况勘查的内容

残损情况勘查包括对建筑物的承重结构及其相关工程损坏、残缺程度与原因进行勘查。

（1）承重木结构的勘查

承重木结构的勘查包括下列内容：结构、构件及其连接的尺寸；结构的整体变位和支承情况；木材的材质状况；承重构件的受力和变形状态；主要节点、连接的工作状态；历代维修加固措施的现存内容及其目前工作状态。

（2）对承重结构整体变位和支承情况的勘查

对承重结构整体变位和支承情况的勘查包括下列内容：测算建筑物的荷载及其分布；检查建筑物的地基基础情况；观测建筑物的整体沉降或不均匀沉降，并分析其发生原因；实测承重结构的倾斜、位移、扭转及支承情况；检查支撑等承受水平荷载体系的构造及其残损情况。

（3）对承重结构木材材质状态的勘查

对承重结构木材材质状态的勘查包括下列内容：

测量木材腐朽、虫蛀、变质的部位、范围和程度；

测量对构件受力有影响的木节、斜纹和干缩裂缝的部位和尺寸；

当主要木构件需作修补或更换时，应鉴定其树种；

对下列情况尚应测定木材的强度或弹性模量：需作加固验算，但树种较为特殊；有过度变形或局部损坏，但原因不明；拟继续使用火灾后残存的构件；需研究木材老化变质的影响。

（4）对承重构件受力状态的勘查

受压构件的勘查包括下列内容：受压构件柱高、截面形状及尺寸，柱的两端固定情况；柱身弯曲、折断或劈裂情况；柱头位移；柱脚与柱础的错位；柱脚下陷。

受弯构件的勘查包括下列内容：梁、枋跨度或悬挑长度、截面形状及尺寸、受力方式及支座情况；梁、枋的挠度和侧向变形（扭闪）；檩、椽、榻栅（楞木）的挠度和侧向变形；檩条滚动情况；悬挑结构的梁头下垂和梁尾翘起情况；构件折断、劈裂或沿截面高度出现的受力皱褶和裂纹；屋盖、楼盖局部塌陷的范围和程度。

斗拱的勘查包括下列内容：斗拱构件及其连接的构造和尺寸；整攒斗拱的变形和错位；斗拱中各构件及其连接的残损情况。

（5）对主要连接部位工作状态的勘查

对主要连接部位工作状态的勘查包括下列内容：梁、枋拔榫，榫头折断或卯口劈裂；榫头或卯口处的压缩变形；铁件锈蚀、变形或残缺。

（6）对历代维修加固措施的勘查

对历代维修加固措施的勘查包括下列内容：受力状态；新出现的变形或位移；原腐朽部分挖补后，重新出现的腐朽；因维修加固不当，而对建筑物其他部位造成的不良影响。

（7）对建筑物的下列情况，应在较长时间内进行定期观测

建筑物的不均匀沉降、倾斜（歪闪）或扭转有缓慢发展的迹象；承重构件有明显的挠曲、开裂或变形，连接有较大的松动变位，但不能断定已停止发展；承重木结构的腐朽、虫蛀虽经药物处理，但需观察其药效；为重点保护对象或科研对象专门设置的长期观测点。

1.4.3 古建筑可靠性鉴定

残损点应为承重体系中某一构件、节点或部位已处于不能正常受力、不能正常使用或濒临破坏的状态。承重木柱残损点的检查及评定按表1-7进行；承重木梁、枋残损点的检查及评定按表1-8进行；木构架整体性的检查及评定按表1-9进行；屋盖结构中残损点的检查及评定按表1-10进行；楼盖结构中残损点的检查及评定按表1-11进行；砖墙残损点的检查及评定按表1-12进行。

斗拱有以下残损之一时，应视为残损点，包括：整攒斗拱明显变形或错位；拱翘折断，小斗脱落，且每一枋下连续两处发生；大斗明显压陷或有劈裂、偏斜或移位；整攒斗拱的木材发生腐朽、虫蛀或老化变质并已影响斗拱受力；柱头或转角处的斗拱有明显破坏迹象。

表 1-7 承重木柱残损点的检查及评定（GB 50165—92；GB/T 50165—2020）

项次	检查项目	检查内容		残损点评定界限
1	材质	（1）腐朽和老化变质：在任一截面上，腐朽和老化变质（两者合计）所占面积与整截面面积之比 ρ		a）当仅有表层腐朽和老化变质时：$\rho>1/5$ 或按剩余截面验算不合格，或不少木节已恶化为松软节或腐朽节
				b）当仅有心腐时：$\rho>1/7$ 或按剩余截面验算不合格
				c）当同时存在以上两种情况时：不论 ρ 大小，均视为残损点
		（2）虫蛀：沿柱长任一部位		有虫蛀孔洞，或未见孔洞，但敲击有空鼓音
		（3）扭斜纹并发斜裂		斜裂缝的斜率大于 15%，且裂缝深度大于柱径的 2/5 或材宽的 1/3
2	柱的弯曲	弯曲矢高 δ		$\delta>L_0/250$（L_0 为柱的无支长度）
3	柱脚与柱础抵承状况	（1）柱脚底面与柱础间实际抵承面积与柱脚处柱的原截面面积之比 ρ_c		$\rho_c<3/5$
		（2）若柱子为偏心受压构件，尚应确定实际抵承面中心对柱轴线的偏心距 e_c 及其对原偏心距 e 的影响		按偏心验算不合格
4	柱础错位	柱与柱础之间错位量与柱径（或柱截面）沿错位方向的尺寸之比 ρ_d		$\rho_d>1/6$
5	柱身损伤	沿柱长任一部位的损伤状况		有断裂、劈裂或压皱迹象出现
6	历次加固现状	（1）原墩接的完好程度		柱身有新的变形或变位，或榫卯已脱胶、开裂，或铁箍已松脱
		（2）原灌浆效果	a）浆体与木材黏结状况	浆体干缩，敲击有空鼓音
			b）柱身受力状况	有明显的压皱或变形现象
		（3）原挖补部位的完好程度		已松动、脱胶，或又发生新的腐朽

表 1-8 承重木梁、枋残损点的检查及评定（GB 50165—92；GB/T 50165—2020）

项次	检查项目	检查内容	残损点评定界限
1	材质	（1）腐朽和老化变质 在任一截面上，腐朽和老化变质（两者合计）所占的面积与整截面面积之比 ρ	a）当仅有表层腐朽和老化变质时： 对梁身：$\rho>1/8$，或按剩余截面验算不合格，或不少木节已恶化为松软节或腐朽节
			对梁端（支承范围内）：不论 ρ 大小，均视为残损点
			b）当仅有心腐时：不论 ρ 大小，均视为残损点
		（2）虫蛀	有虫蛀孔洞，或未见孔洞，但敲击有空鼓音
		（3）扭斜纹并发斜裂	斜裂缝的斜率大于 15%
		（4）木材天然缺陷 在梁的关键受力部位，其木节、扭（斜）纹或干缩裂缝的大小	其中任一缺陷超出 GB 50165—92 表 6.3.3 的限值，且有其他残损

续表

项次	检查项目	检查内容	残损点评定界限
2	弯曲变形	(1)竖向挠度最大值 ω_1 或 ω_1'	当 $h/l>1/14$ 时, $\omega_1>l^2/2100h$
			当 $h/l\leqslant 1/14$ 时, $\omega_1>l/150$
			对300年以上梁、枋,若无其他残损,可按 $\omega_1'>\omega_1+h/50$ 评定
		(2)侧向弯曲矢高 ω_2	$\omega_2>l/200$
3	梁身损伤	(1)跨中断纹开裂	有裂纹,或未见裂纹,但梁的上表面有压皱痕迹
		(2)梁端劈裂(不包括干缩裂缝)	有受力或过度挠曲引起的端裂或斜裂
		(3)非原有的锯口、开槽或钻孔	按剩余截面验算不合格
4	历次加固现状	(1)梁端原拼接加固完好程度	已变形,或已脱胶,或螺栓已松脱
		(2)原灌浆效果	浆体干缩,敲击有空鼓音,或梁身挠度增大

注：表中 l 为计算跨度； h 为构件截面高度。

表1-9　木构架整体性的检查及评定（GB 50165—92；GB/T 50165—2020）

项次	检查项目	检查内容	残损点评定界限	
			抬梁式	穿斗式
1	整体倾斜	(1)沿构架平面的倾斜量 Δ_1	$\Delta_1>H_0/120$ 或 $\Delta_1>120$mm	$\Delta_1>H_0/100$ 或 $\Delta_1>150$mm
		(2)垂直构架平面的倾斜量 Δ_2	$\Delta_2>H_0/240$ 或 $\Delta_2>60$mm	$\Delta_2>H_0/200$ 或 $\Delta_2>75$mm
2	局部倾斜	柱头与柱脚的相对位移 Δ	$\Delta>H/90$	$\Delta>H/75$
3	构架间的连系	纵向连枋及其连系构件现状	已残缺或连接已松动	
4	梁、柱间的连系(包括柱、枋间,柱、檩间的连系)	拉结情况及榫卯现状	无拉结,榫头拔出口卯口的长度超过榫头长度的	
			2/5	1/2
5	榫卯完好程度	(1)材质	榫卯已腐朽、虫蛀	
		(2)其他损坏	已劈裂或断裂	
		(3)横纹压缩变形	压缩量超过4mm	

注：表中 H_0 为木构架总高； H 为柱高。

表1-10　屋盖结构中残损点的检查及评定（GB 50165—92；GB/T 50165—2020）

项次	检查项目	检查内容	残损点评定界限
1	椽条系统	(1)材质	已成片腐朽或虫蛀,或严重受潮
		(2)挠度	大于椽跨的1/100,并已引起屋面明显变形
		(3)椽、檩间的连系	未钉钉,或钉子已锈蚀
		(4)承椽枋受力状态	有明显变形
2	檩条系统	(1)材质	按表1-8评定
		(2)跨中最大挠度 ω_1	当 $L\leqslant 4.5$m 时, $\omega_1>L/90$, 或 $\omega_1>36$mm
			当 $L>4.5$m 时, $\omega_1>L/125$
			若多数檩条挠度较大而导致漏雨,则不论 ω_1 大小,均视为残损点

续表

项次	检查项目	检查内容	残损点评定界限
2	檩条系统	(3)檩条支承长度 a	支承在木构件上：$a<60mm$
			支承在砌体上：$a<120mm$
		(4)檩条受力状态	檩端脱榫，或檩条外滚，或檩与梁间无锚固
3	瓜柱、角背驼峰	(1)材质	有腐朽或虫蛀
		(2)构造完好程度	有倾斜、脱榫或劈裂
4	翼角、檐头、由戗	(1)材质	有腐朽或虫蛀
		(2)角梁后尾的固定部位	无可靠拉结
		(3)角梁后尾、由戗端头的损伤程度	已劈裂或折断
		(4)翼角、檐头受力状态	已明显下垂

注：表中 L 为檩条计算跨度。

表1-11 楼盖结构中残损点的检查及评定（GB 50165—92；GB/T 50165—2020）

项次	检查项目	检查内容	残损点评定界限
1	楼盖梁	按表1-8检查	按表1-8评定
2	楞栅（楞木）	(1)材质	按表1-8评定
		(2)竖向挠度最大值 ω_1	$\omega_1>L/180$，或体感颤动严重
		(3)侧向弯曲矢高 ω_2（原木楞栅不检查）	$\omega_2>L/200$
		(4)端部榫卯状况	无可靠锚固，且支承长度小于60mm
3	楼板	木材腐朽及板面破损状况	已不能起加强楼盖水平刚度作用

注：表中 L 为楞栅计算跨度。

表1-12 砖墙残损点的检查及评定（GB 50165—92；GB/T 50165—2020）

项次	检查项目	检查内容	残损点评定界限 $H\leq7m$	残损点评定界限 $H>7m$
1	材质	(1)砖的风化 在风化长达1m以上的区段,确定其平均风化深度与墙厚之比 ρ	$\rho>1/5$ 或按剩余截面验算不合格	$\rho>1/6$ 或按剩余截面验算不合格
		(2)灰缝粉化	最大粉化深度>10mm	最大粉化深度>10mm
2	倾斜或侧向位移	(1)单层倾斜量 Δ	$\Delta>H/250$	$\Delta>H/350$
		(2)多层古建筑 总倾斜量 Δ	$\Delta>H/350$	$\Delta>H/400$
		(2)多层古建筑 层间倾斜量 Δ_i	$\Delta_i>H_i/300$	$\Delta_i>H_i/300$
3	裂缝	(1)地基沉降引起的裂缝	应与地基基础同视为残损点	应与地基基础同视为残损点
		(2)受力引起的裂缝	出现沿砖块断裂的竖向或斜向裂缝	出现沿砖块断裂的竖向或斜向裂缝
		(3)非受力引起的有害裂缝	纵横墙连接处出现通长竖向裂缝	纵横墙连接处出现通长竖向裂缝
			墙身裂缝的宽度已>5mm	墙身裂缝的宽度已>5mm

注：1. 表中 H 为墙的总高；H_i 为层间墙高。
2. 碎砖墙的做法各地差别较大，其残损点评定由当地主管部门另定。

结构的可靠性鉴定应根据承重结构中出现的残损点数量、分布、恶化程度及对结构局部或整体可能造成的破坏和后果进行评估。根据 GB 50165—92 第 4.1.4 条规定，古建筑经可靠性鉴定分为四类（表 1-13）；根据 GB/T 50165—2020 第 6.2.1 条规定，古建筑木结构残损等级或安全性等级分为四级（表 1-14）。

表 1-13 古建筑的可靠性鉴定类别（GB 50165—92）

类别	评级标准
Ⅰ类建筑	承重结构中原有的残损点均已得到正确处理，尚未发现新的残损点或残损征兆
Ⅱ类建筑	承重结构中原先已修补加固的残损点，有个别需要重新处理；新近发现的若干残损迹象需要进一步的观察和处理，但不影响建筑物的安全和使用
Ⅲ类建筑	承重结构中关键部位的残损点或其组合已影响结构安全和正常使用，有必要采取加固或修理措施，但尚不致立即发生危险
Ⅳ类建筑	承重结构的局部或整体已处于危险状态，随时可能发生意外事故，必须立即采取抢修措施

表 1-14 古建筑木结构残损等级或安全性等级评级标准（GB/T 50165—2020）

类别	评级标准
a′级	勘查中未见残损点，或原有残损点已得到修复
b′级	勘查中仅发现有轻度残损点或疑似残损点，但尚不影响安全
c′级	有中度残损点，已影响该项目的安全
d′级	有重度残损点，将危及该项目的安全

1.5 古建筑木结构修缮技术

古建筑木结构的修缮包括立柱、木梁枋、木构架整体、斗拱、屋盖结构、楼盖结构、砖墙等几个方面（GB 50165—92；GB/T 50165—2020）。

1.5.1 立柱的维修技术

立柱的主要功能是支撑梁架。年长日久，立柱受环境影响和生物损害，往往会出现开裂和腐朽、虫蛀，柱根更容易腐朽。尤其是包在墙内的柱子，由于缺乏防潮措施，有时整根柱子腐朽，严重的会丧失承重能力。通常情况下，柱子的损害情况不同，处理方法也应有所不同。

1.5.1.1 开裂加固

木柱的裂缝修复中，首先要检查开裂的原因，然后根据不同的开裂原因，有针对性地采取不同的修复工艺。

（1）自然开裂

在建造过程中使用尚未完全干燥的木料，建成后就会形成自然开裂（纵向裂缝）（图 1-38）。自然开裂的裂缝一般比较细小。

对木柱的干缩裂缝，当其裂缝深度不超过柱径或该方向截面尺寸 1/3 时，可按下列嵌补方法进行修整：当裂缝宽度小于 3mm 时，可在柱的油饰或断白过程中用腻子勾抹严实或用环氧树脂填充；当裂缝宽度在 3～30mm 时，可用木条嵌补，并用耐水性胶黏剂粘牢；当裂缝宽度大于 30mm 时，除用木条嵌补，并用耐水性胶黏剂粘牢外，还应在柱的开裂段内加铁箍 2～3 道，若柱的开裂段较长，则箍距不宜大于 0.5m，铁箍应嵌入柱内，使其外皮与柱外皮齐平。

图 1-38　木材的自然开裂

图 1-39　木材的受力开裂

当裂缝深度超过柱径或该方向截面尺寸 1/3，但裂缝长度不超过柱长的 1/4 时，可局部更换和机械加固；但当裂缝长度超过柱长的 1/4 或有较大的扭转裂缝，影响柱子的承重时，应考虑更换新柱。

（2）受力开裂

受力开裂多发生在柱头位置（图 1-39）。可采用铁箍、牛皮绳捆扎等；或在靠近木柱的梁枋端部增加抱柱，以减轻木柱的受重负荷。

1.5.1.2　表面局部腐朽——挖补法

当柱心完好，仅有表层腐朽（即表面腐朽不超过柱根直径的 1/2），且经验算剩余截面尚能满足受力要求时，可将腐朽部分剔除干净，经防腐处理后，用干燥木材依原样和原尺寸修补整齐，并用耐水性胶黏剂粘接，可加设铁箍 2～3 道（图 1-40）。

1.5.1.3　柱根腐朽严重——墩接法

当柱脚腐朽严重，但自柱根底面向上未超过柱高的 1/4 时，可采用墩接柱脚的方法处理。墩接技术是解决古建筑木构件腐朽问题的常用方法，即截取腐朽部分，接上新的材料，保证其构件功能。墩接时，可根据腐朽的程度、部位和墩接材料选用下列方法。

（1）木料墩接

当柱根腐朽超过柱根直径的 1/2，或柱心腐朽，腐朽高度为柱高的 1/5～1/3 时，采用木料墩接的方法（图 1-41）。用木料墩接时先将腐朽部分剔除，再根据剩余部分选择墩

图 1-40　木柱表面局部腐朽时的挖补法

图 1-41　柱根腐朽严重时的木料墩接法

接的榫卯式样，常用的有以下式样：巴掌榫、抄手榫、平头榫、斜阶梯榫、螳螂榫（图 1-42）。施工时，除应注意使墩接榫头严密对缝外，还应加设铁箍，铁箍应嵌入柱内。

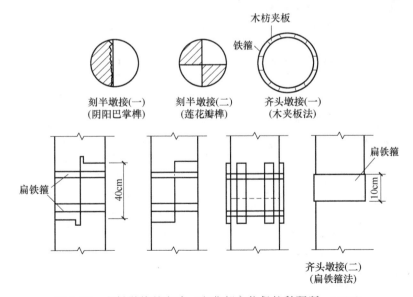

图 1-42　木料墩接的方式（文化部文物保护科研所，1983）

(2) 钢筋混凝土墩接

钢筋混凝土墩接仅用于墙内的不露明柱子，高度不得超过1m，柱径应大于原柱径200mm，并留出0.4～0.5m长的钢板或角钢，用螺栓将原构件夹牢。混凝土强度不应低于C25，在确定墩接柱的高度时，应考虑混凝土收缩率。

(3) 石料墩接

石料墩接可用于柱脚腐朽部分高度小于200mm的柱。露明柱可将石料加工为小于原柱径100mm的矮柱，周围用厚木板包镶钉牢，并在与原柱接缝处加设铁箍一道。

1.5.1.4 柱子腐朽中空——灌浆加固

柱子外表完好而内部已成中空的现象多为被白蚁蛀蚀的结果，或者由于原建时选材不当，使用了心腐木材，时间一久，便会出现柱子的内部腐朽（图1-43）。当木柱内部腐朽、蛀空，但表层的完好厚度不小于50mm时，可采用高分子材料灌浆加固。

常用的高分子材料有不饱和聚酯树脂、环氧树脂等。它的优点就是不需要拆落梁架，整个施工费用比更换木柱要节约很多，所以这种方法被推广。不饱和聚酯树脂灌注剂的配方可按表1-15来配置，环氧树脂灌注剂的配方可按表1-16来配置。

树脂加固工艺过程如下（图1-44）。

图1-43 木柱的内部腐朽中空

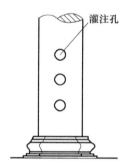

图1-44 木柱化学加固法（树脂加固工艺）

表1-15 不饱和聚酯树脂灌注剂的配方 (GB 50165—92；GB/T 50165—2020)

灌注剂成分	配合比（按质量计）
不饱和聚酯树脂（通用型）	100
过氧化环己酮浆（固化剂）	4
萘酸钴苯乙烯液（促进剂）	2～4
干燥的石英粉（填料）	80～120

表1-16 环氧树脂灌注剂的配方 (GB 50165—92；GB/T 50165—2020)

灌注剂成分	配合比（按质量计）
E-44环氧树脂	100
多乙烯多胺	13～16
聚酰胺树脂	30
501号活性稀释剂	1～15

(1) 柱身开槽口

应在柱中应力小的部位开孔。若通长中空，可先在柱脚凿方洞，洞宽不得大于120mm，再每隔500mm凿一洞眼，直至中空的顶端。柱中空直径超过150mm时，宜在中空部位填充相同树种的木块，减少树脂干后的收缩。槽口的长度根据腐朽长度而定，锯下的木条要保留好。

(2) 剔除

在灌注前应将腐朽、虫蛀部分木块、碎屑清除干净。灌注树脂应饱满，每次灌注量不宜超过3kg，两次间隔时间不宜少于30min。

(3) 分段浇注

接着在需要浇注部位上端开浇注孔，如果浇注部位较长，则采用分段浇注，一般隔1000mm开一口，由下往上逐孔浇注。浇注速度要慢，树脂不能溢出，每次浇注环氧树脂的量大约为3kg，每次浇注间隔30min，以浇注灌满为完成操作。

(4) 密封

清洁面上喷洒防腐剂三遍，干透后，把锯下的木条用环氧树脂胶贴回去，用腻子把胶贴缝封堵密实、齐平。

1.5.1.5 柱子全部严重腐朽时的处理

当木柱严重腐朽、虫蛀或开裂，而不能采用修补、加固方法处理时，不适宜采用木料墩接，应换新木柱或加辅柱。但更换前应做好下列工作：

(1) 确定原柱高

若木柱已残损，应从同类木柱中，考证原来柱高。必要时，还应按照该建筑物创建时代的特征，推定该类木柱的原来高度。

(2) 复制要求

对需要更换的木柱，应确定其是否为原建旧物。若已为后代所更换且与原形制不同，应按原形制复制。若确为原件，应按其式样和尺寸复制。

(3) 材料选择

古建筑木结构承重构件的修复或更换，应优先采用与原构件相同的树种木材，当确有困难时，也可按表1-17和表1-18选取强度等级不低于原构件的木材代替。

(4) 更换材料的技术处理

木材干燥：采用干燥设备将木材干燥至气干状态（含水率为10%～15%）。

防腐处理：新更换的构件必须要经过防腐处理。一般采用浸泡法，可用相应规格的槽或在地面挖一个地槽，铺上塑料布，然后把配置好的防腐剂倒入槽中，把加工好的木构件浸入其中，并用重物压住，浸泡时间从数小时到数天不等，视材料规格和所要求的吸药量而定。一般浸泡前后称重，待木材达到吸药量后，取出气干后即可用。

形制：更换的新木质构件的形制要和原木质构件一样，包括尺寸和形状。

工艺：更换的新木质构件的表面处理工艺及木结构连接工艺要和原木质构件一样或者类似，表面处理工艺主要指油漆、彩绘等，要尽量采用原始油漆及彩绘工艺；更换的新木质构件连接结构要采用原始的连接方式及榫卯的形制。

做旧处理：新更换的构件和整体建筑不协调，必须经过做旧处理，使其看起来像老旧木材。一般先根据老木质构件的颜色，调制出多组仿古格里斯漆，然后顺纹刷涂多组木块小样，待干后，选取和原木质构件颜色、质感类似的小样的涂刷方案，如果没有类似的，就反复调制和涂刷，直至产生合适调试方案，然后按此调色和涂刷方案对新木质构件进行做旧处理。

在不拆落木构架的情况下墩接木柱或更换木柱时，必须用架子或其他支承物将柱和柱连接的梁枋等承重构件支顶牢固，以保证木柱悬空施工时的安全。

表1-17　常用针叶树材强度等级（GB/T 50165—2020）

强度等级	组别	适用树种	
		国产木材	进口木材
TC17	A	柏木	长叶松
	B	东北落叶松	欧洲赤松、欧洲落叶松
TC15	A	铁杉、油杉	北部北美黄杉(北部花旗松)、太平洋海岸黄柏、西部铁杉
	B	鱼鳞云杉、西南云杉、油麦吊云杉、丽江云杉	南亚松、南部北美黄杉(南部花旗松)
TC13	A	侧柏、福建柏、油松	北美落叶松、西部铁杉、海岸松、扭叶松
	B	红皮云杉、丽江云杉、红松、樟子松	西加云杉、西伯利亚松、新西兰贝壳松
TC11	A	西北云杉、新疆云杉	西伯利亚云杉、东部铁杉、铁杉-冷杉(树种组合)、加拿大冷杉、西黄松、杉木
	B	速生杉木	新西兰辐射松、小干松

表1-18　常用阔叶树材强度等级（GB/T 50165—2020）

强度等级	适用树种	
	国产木材	进口木材
TB20	青冈、椆木	甘巴豆(门格里斯木)、冰片香(卡普木、山樟)、重黄娑罗双(沉水稍)、重坡垒龙脑香(克隆木)、绿心樟(绿心木)、紫心苏木(紫心木)、李叶苏木(李叶豆)、双龙瓣豆(塔特布木)、印茄木(菠萝格)
TB17	栎木、槭木、水曲柳、刺槐	腺瘤豆(达荷玛木)、筒状非洲棟(蕯佩莱木、沙比利)、蟹木棟、深红默罗藤黄(曼妮巴利)
TB15	锥栗、槐木、桦木	黄娑罗双(黄柳桉)、异翅香(梅蕯瓦木)、水曲柳、尼克樟(红劳罗木)
TB13	楠木、檫木、樟木	深红娑罗双(深红柳桉)、浅红娑罗双(浅红柳桉)、巴西海棠木(红厚壳木)
TB11	榆木、苦楝	心形椴、大叶椴

1.5.2　木梁枋的维修技术

我国古建筑的大木构架承受着屋顶的全部重量，木结构受物理、化学和生物等因素的影响，不可避免地会受到损害，使承载能力降低。久而久之，木梁枋就会发生变形、下沉、腐朽、破损等情况，特别是木材的腐朽，更加速了木构架的损坏。

1.5.2.1　梁枋弯垂的维修

允许梁枋弯垂为梁长的1/250～1/100，超过梁长的1/100视为危险构件。当梁枋构件的挠度超过规定的限值或发现有断裂迹象时，可在梁枋下面支顶立柱、更换构件，若条件允许则可在梁枋内埋设型钢或其他加固件等。

梁枋弯垂常用的处理方法有：拆卸后反过来放置，将梁底面向上，用重物加压；在梁底弯垂部位支顶柱子加固；在梁底弯垂部位加砌砖墙或木隔扇来顶住梁底；加辅助梁处理；直接用钢材贴补或嵌入的方法加固等。

檩条弯垂常用的处理方法有：可在檩条下皮再加一根檩条以抵抗弯垂；还可在弯垂檩条下钉两根斜撑，一头直接钉在檩条的底皮，一头钉在瓜柱上，斜撑两头可锯作斜面，以增加接触面。

凡是弯垂严重的，一定带有劈裂现象（图1-45）。

(a) 普拍枋挠曲　　　　　　(b) 阑额普拍枋均横向劈裂　　　　　　(c) 劈裂部位细节

图1-45　梁枋弯垂及带来的劈裂（何洋，2019）

1.5.2.2　梁枋干缩裂缝的维修

当构件的水平裂缝深度小于梁宽或梁直径的1/4时，可采取嵌补的方法进行修整，即先用木条和耐水性胶黏剂，将缝隙嵌补黏结严实，再用两道以上铁箍或玻璃钢箍箍紧。常用的机械加固方式主要有以下几种：铁箍、增加构件法、绑扎法等。圆形构件裂缝较大时，在进行修补后，需进行铁箍加固；方形构件裂缝较大时，可采用增加构件法、绑扎法。

若构件的裂缝深度超过梁宽或梁直径的1/4，则应进行承载能力验算。验算结果能满足受力要求时，仍可采取嵌补的方法进行；验算结果不能满足受力要求时，在梁枋下面支顶立柱，或更换构件，若条件允许则可在梁枋内埋设型钢或其他加固件等。

1.5.2.3　梁枋腐朽的维修

当梁枋构件有不同程度的腐朽而需修补、加固时，应根据其承载能力的验算结果采取不同的方法。若验算表明，其剩余截面面积尚能满足使用要求，可采用挖补的方法进行修复。挖补前，应先将腐朽部分剔除干净，经防腐处理后用干燥木材按所需形状及尺寸，以耐水性胶黏剂贴补严实，再用铁箍或螺栓紧固。若验算表明，其承载能力已不能满足使用要求，则须更换构件；更换时，宜选用与原构件相同树种的干燥木材，并预先做好防腐处理。

1.5.2.4 梁枋脱榫的维修

梁枋脱榫通常由梁架歪闪引起，如果能拆卸后重新归位安好，则加铁扒锔子即可；如果不能拆修，可在拔榫构件的下面加钉一块托木，或用铁件做一套靴，支托节点，防止进一步变形引起脱榫；由腐朽原因引起的要进行防腐处理。

对梁枋脱榫的维修，应根据其发生原因，采用下列修复方法：

① 榫头完整，仅因柱倾斜而脱榫时，可先将柱拨正，再用铁件拉结榫卯；

② 梁枋完整，仅因榫头腐朽、断裂而脱榫时，应先将破损部分剔除干净，并在梁枋端部开卯口，经防腐处理后，用新制的硬木榫头嵌入卯口内。嵌接时，榫头与原构件用耐水性胶黏剂粘牢并用螺栓固紧。榫头的截面尺寸及其与原构件嵌接的长度，应按计算确定。并应在嵌接长度内用玻璃钢箍或两道铁箍箍紧。

1.5.2.5 承椽枋的侧向变形和椽尾翘起的维修

对承椽枋的侧向变形和椽尾翘起，应根据椽与承椽枋搭交方式的不同，采用下列维修方法：

椽尾搭在承椽枋上时（图1-46），可在承椽枋上加一根压椽枋，压椽枋与承椽枋之间用两个螺栓固紧；压椽枋与额枋之间每开间用2~4根矮柱支顶。

椽尾嵌入承椽枋外侧的椽窝时（图1-46），可在椽底面附加一根枋木，枋与承椽枋用3个以上螺栓连接，椽尾用方头钉钉在枋上。

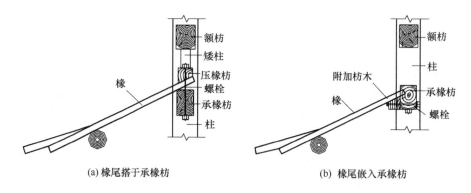

(a) 椽尾搭于承椽枋　　　　　　　　(b) 椽尾嵌入承椽枋

图1-46　承椽枋加固及防止椽尾翘起的措施（GB 50165—92；GB/T 50165—2020）

1.5.2.6 角梁梁头下垂和腐朽、梁尾翘起和劈裂的维修

（1）梁头下垂、梁尾翘起

处理方法：将翘起或下窜的角梁随着整个梁架拨正，重新归位安好，在老角梁端部底下加一根柱子支撑，新加柱子要做外观处理。

（2）角梁的腐朽

梁头腐朽部分小于挑出长度1/5时，可根据腐朽情况进行修补或另配新梁头，并做成斜面搭接或刻榫对接。接合面应采用耐水性胶黏剂粘接牢固；对斜面搭接，还应加 2 个以上螺栓（图 1-47）或铁箍加固；如果腐朽大于挑出长度的 1/5，应做整根更换。

(3) 梁尾劈裂

梁尾劈裂可采用胶黏剂粘接和铁箍加固，梁尾与檩条搭接处可用铁件、螺栓连接（图 1-48），将老角梁与仔角梁结合成一体。仔角梁与老角梁应采用 2 个以上螺栓固紧。

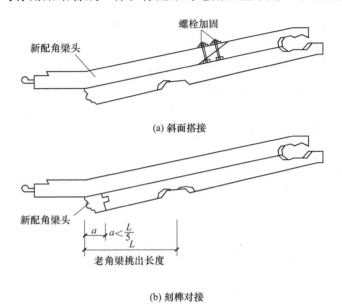

图 1-47　新配角梁头的拼接方式（GB 50165—92；GB/T 50165—2020）

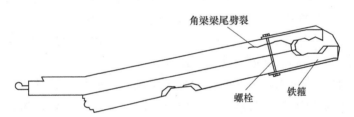

图 1-48　梁尾劈裂加固（GB 50165—92；GB/T 50165—2020）

1.5.2.7　构件滚动的处理

我国古建筑均采用榫卯结合，各种因素（地基下沉、柱脚腐朽、构件制作不精或榫卯结合不紧密等）导致整个建筑物倾斜，构件也常伴有松散、拔榫、滚动等现象。防止滚动的办法：将檩头和椽子用螺栓加固；在檩头上加铁套箍；加托脚等。

1.5.3　木构架整体的维修技术

木构架整体出现歪闪的原因主要有以下几个：地震、洪水后的变形；局部地基下沉；木构件自身问题，如柱根腐朽下沉，木构件歪闪错动、拔脱，木构件压缩变形等。

木构架整体出现歪闪的后果：局部构件会处于非正常受力状态，应力集中给局部构件造成很大的压力；若长期超载，这些构件可能会出现断裂，甚至局部坍塌；木构件歪闪也使建筑整体抵抗外力的能力降低。

因此，将木构架扶正，恢复其正常受力状态，可从根本上去除建筑安全的潜在隐患。按照《古建筑木结构维护与加固技术规范》（GB 50165—92），木构架的整体修缮与纠偏加固工程，可根据其残损程度分别采用下列工艺方法。

1.5.3.1 落架大修

落架大修是指全部或局部拆落木构架，修整、更换残损严重的构件，再重新安装，并在安装时进行整体加固。由于落架大修需要拆卸木构架，将损失较多的历史文物信息、占用较大的构件存放场地，仅适用于少量濒临损毁的古建筑；同时，落架大修只适合于木结构的建筑，许多近现代建筑是砖混结构建筑，如果拆掉，就不可能恢复原状，这完全是不可逆的过程。

落架大修通常分全落架和半落架两种。全落架即自屋顶到柱子，几乎所有的构件全部都要拆卸一遍；半落架即只拆卸梁架以上的部分，这样的工作量就小得多。对于落架大修要特别注意，即使是一片瓦，都必须严格按照原来的位置——编号，保证将来修复完后能标准复原；不到万不得已，尽可能不采取落架大修的方式，这是因为落架对古建筑的结构可能会有改变，甚至影响到古建筑整体的样貌与气质。

1.5.3.2 打牮拨正

打牮拨正是指在不拆落木构架的情况下，应用杠杆原理，通过打牮杆支顶或拉索的方法，使倾斜、扭转、拔榫或下沉的构架复位，再进行整体加固。

传统的"打牮拨正"通常包含两项基本工艺（图1-49）：其一是"打牮"，是用"牮杆"（杠杆或千斤顶）抬起下沉的构件或支顶倾斜的构件，使其复位；其二是"拨正"，是用"拉索"（手动起重葫芦或花篮螺栓拉索）牵引倾斜、脱榫的构件，使其复位。对变形木构架进行整体纠偏加固时，"打牮"和"拨正"两项工艺可综合运用，按照完整的工艺进行设计。

对整体变形木构架的"打牮拨正"，可根据纠偏复位力系的布置和不同机械装置的运用，采用以下几种复位方式（袁建力 等，2017）。

(1)"水平顶推复位"工艺

"水平顶推复位"工艺，是在木构架的倾斜一侧设置具有一定刚度的支撑刚架，作为复位装置的支座或反力架（图1-50）；采用千斤顶作为顶推装置，布置在木构架的柱顶部位；通过对柱顶施加水平推力，使整个构架恢复到正确的位置。

"水平顶推复位"工艺的复位力系简捷、工序简单，便于控制木构架的复位效果；但对支撑刚架的刚度和布置空间有较高的要求，通常适用于单层古建筑且木构架倾斜一侧有较大的空间场地的情况。

(2)"水平张拉复位"工艺

"水平张拉复位"工艺的原理与"水平顶推复位"工艺基本相同，但施加的复位力为水平拉力；张拉装置通常采用钢丝绳拉索，一端固定于柱顶，另一端安置在木构架需复位一侧的加载刚架上；通过对柱顶施加水平拉力，使整个构架恢复到正确的位置（图 1-51）。

考虑到变形木构架的节点松弛，宜将张拉力系的作用点布置在木构架倾斜一侧的柱顶上（如图 1-51 中 B 轴的柱顶），以带动整个构架复位。

由于张拉力系的传递不受拉索长度的限制，其加载刚架不必紧贴着木构架布置，该工艺对有较大基座或外廊构架的古建筑较为适用。工程上通常利用施工脚手架兼作加载刚架，并采用斜拉索增加其刚度和稳定性，这对于两层或多层木构架古建筑更具实用性。

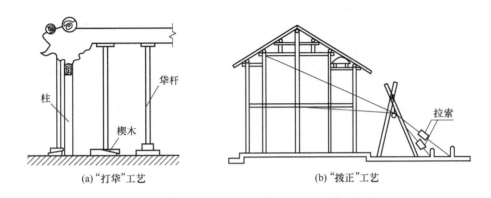

图 1-49 传统"打牮拨正"工艺示意图（袁建力 等，2017）

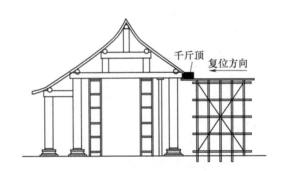

图 1-50 "水平顶推复位"工艺示意图（袁建力 等，2017）

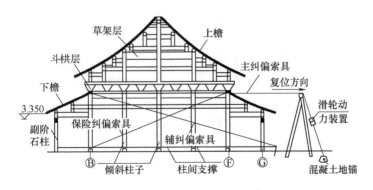

图 1-51 "水平张拉复位"工艺示意图（袁建力 等，2017）

(3)"顶推-张拉复位"工艺

木构架古建筑的结构为梁柱排架体系,易发生整体倾斜,且构件之间具有一定的牵连作用;将顶推装置与张拉装置综合运用,成对地布置在倾斜柱架之间,对两侧的柱子同时施加复位力系,可获得较为显著的复位效果。

某种"顶推-张拉复位"组合装置如图1-52所示,该装置由花篮螺栓拉索、千斤顶撑杆、节点套箍和钢板箍组成。花篮螺栓拉索安装在柱间的两侧,千斤顶撑杆沿柱间轴线布置;其中,花篮螺栓拉索用于张拉向外倾斜的柱子,千斤顶撑杆用于支顶向内倾斜的柱子。节点套箍用于连接千斤顶撑杆和花篮螺栓拉索,并防止木柱节点受力部位损坏。钢板箍安装在柱脚与地栿之间,用于固定柱底,保证柱顶有效复位。

由于"顶推-张拉复位"装置可以布置在柱架之间,因此"顶推-张拉复位"工艺具有在建筑物内部实施复位的优点;其施工作业不受建筑物外部场地的制约,且可以对多层木构架建筑进行逐层复位施工。但需要注意的是,"顶推-张拉复位"装置以柱脚作为固定点施加复位力,应采取有效的措施保证柱脚部位及其下部结构的稳定和安全。

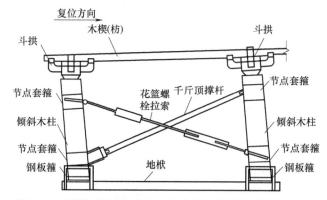

图1-52 "顶推-张拉复位"组合装置(袁建力 等,2017)

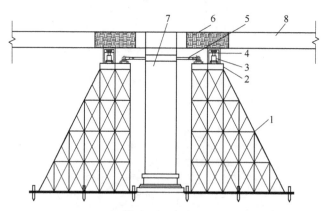

图1-53 "顶升-撑拉复位"装置(袁建力 等,2017)
1—单体刚架;2—工作台板;3—竖向千斤顶;4—局部安全支架;
5—水平撑-拉杆;6—柔性材料;7—待复位柱;8—梁

(4)"顶升-撑拉复位"工艺

对于具有大型屋盖体系的古建筑或多层楼阁式古建筑,作用在倾斜柱架上的竖向荷重较大，施工时施加在柱架上的复位力也相应地增大，且易使柱架节点部位的损伤加剧。"顶升-撑拉复位"工艺是利用施工中的满堂脚手架作为支座，在其上安装"顶升-撑拉"复位装置，通过竖向顶升装置支承全部或部分上部结构传递给柱架的荷重，以减少水平顶推或张拉装置施加的水平复位力，减轻柱架节点的局部应力。

用于"顶升-撑拉复位"工艺的复位-安保多功能支架如图1-53所示，其支架采用单体刚架和工作台板组装，可根据建筑物的空间位置和复位要求灵活布置，形成稳定的施工平台和安全支撑；复位装置由竖向千斤顶、水平撑-拉杆和水平滚轴导向板组合而成，安装在工作台板上，能有效地提供木构架复位所需的竖向和水平作用力，实现复位施工的精确控制。

施工时，先用竖向千斤顶（编号3）支顶柱头上的梁（编号8）；然后，用水平撑-拉杆（编号5）对倾斜的柱子（编号7）实施复位操作。由于竖向千斤顶安置在局部安全支架内（编号4），支顶操作时不会倾覆；且在局部安全支架和工作台板（编号2）之间安装了水平滚轴导向板，能显著地减少复位摩阻力，便于柱架复位。柔性材料（编号6）用于包裹梁的顶升部位，以减轻顶升力对木材的局部损伤。

"顶升-撑拉复位"工艺具有在建筑物内部实施复位的优点，适用于大型单层木构架古建筑的复位和修缮工程。对于多层木构架古建筑，宜根据楼层变形情况自下而上逐层复位，并应在下层木构架复位稳定之后再继续施工。

而"打牮拨正"可较多地保存古建筑的历史信息，又能基本解除木结构存在的隐患，是变形木构架纠偏加固优选的传统工艺方法。

1.5.3.3 修整加固

在不揭除瓦顶和不拆动构架的情况下，直接对木构架的主要承重构件进行修整加固、补强或更换。"修整加固"也仅适用于木构架变形较小、构件位移不大的维修工程。对木构架进行整体加固，应符合下列要求。

① 加固方案不得改变原来的受力体系。

② 对原来结构和构造的固有缺陷，应采取有效措施予以消除，对所增设的连接件应设法加以隐蔽。

③ 对本应拆换的梁枋、柱，当其文物价值较高而必须保留时，可另加支柱。

④ 对任何整体加固措施，木构架中原有的连接件，包括椽、檩和构架间的连接件，应全部保留。有短缺时，应重新补齐。

⑤ 加固所用材料的耐久性，不应低于原有结构材料的耐久性。

1.5.4 斗拱的维修技术

斗拱是区别建筑等级的标志，等级越高的建筑，斗拱越复杂、繁华。斗拱的作用主要体现在以下几个方面：

① 它位于柱与梁之间，由屋面和上层构架传下来的荷载，要通过斗拱传给柱子，再由柱传到基础，因此，它起着承上启下，传递荷载的作用；

② 向外出挑，可把最外层的桁檩挑出一定距离，使建筑物出檐更远，造型更加优美、

壮观；

③ 构造精巧，造型美观，如盆景，似花篮，又是很好的装饰性构件；

④ 卯结合是抗震的关键，遇有强烈地震时，采用榫卯结合的空间结构虽会"松动"却不致"散架"，消耗地震传来的能量，使整个房屋的地震荷载大为降低。

斗拱的维修，应严格掌握尺度、形象和法式特征。添配昂嘴和雕刻构件时，应拓出原形象，制成样板，经核对后方可制作。

凡能整攒卸下的斗拱，应先在原位捆绑牢固，整攒轻卸，标出部位，堆放整齐；维修斗拱时，不得增加杆件。但对清代中晚期结构不平衡的个别斗拱，可在斗拱后尾的隐蔽部位增加杆件补强；角科大斗有严重压陷外倾时，可在平板枋的搭角上加抹角枕垫。斗拱中受弯构件的相对挠度，如未超过1/200，均不需更换。当有变形引起的尺寸偏差时，可在小斗的腰上粘贴硬木垫，但不得放置活木片或楔块。为防止斗拱的构件位移，修缮斗拱时，应将小斗与拱间的暗销补齐，暗销的榫卯应严实。对斗拱的残损构件，凡能用胶黏剂粘接而不影响受力者，均不得更换。

斗拱的修补一般由是否大拆来决定。这是因为斗拱的构件所用材料都比较小，如果大拆，破损较重，就必须大部分更换新材料。如果不大拆，除少量更换的构件以外，一般破损轻微的构件，可根据"保持现状"的原则，进行修补。

1.5.4.1 斗的维修

劈裂为两半，断纹能对齐的，粘牢后可继续使用；劈裂为两半，断纹不能对齐或腐朽严重的，应予以更换；斗耳断落的，应按原尺寸式样补配，粘牢钉固；斗"平"被压扁超过0.3cm的，可以在斗口内用硬木薄板补齐，要求补板与原构件木纹一致，不超过0.3cm的可不予修补。

1.5.4.2 拱的维修

劈裂未断的可灌缝粘牢；左右扭曲不超过0.3cm的，可继续使用，超过的应更换。

榫头断裂无腐朽的可灌浆粘牢，腐朽严重的可锯掉后接榫，用干燥的硬杂木按照原有榫头式样尺寸制作，长度应大于旧有长度，两端与拱头粘牢，并用螺栓加固。

1.5.4.3 昂的维修

最常见的情况是昂嘴断裂，甚至脱落。裂缝粘接与拱相同。昂嘴脱落时，依照原样用干燥硬杂木补配，与旧件平接或榫接。

1.5.4.4 正心枋、外拽枋、挑屋檐枋等的维修

斜劈裂纹的可用螺栓加固、灌缝粘牢；部分腐朽的可剔除腐朽部分，并用木料补齐；整个腐朽超过断面的2/5以上的或折断时，予以更换。

第 2 章

丹霞寺古建筑研究背景

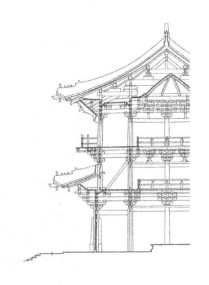

2.1 丹霞寺古建筑概述

2.1.1 丹霞寺简介

丹霞寺原名仙霞寺，古称西霞寺，位于南召县东北部留山镇北五公里的群山丛中，为国家级、省级文物保护单位，河南省八大名寺之一，豫西南地区三大千年古刹之一，伏牛山寺庙之首。

丹霞寺与塔林占地面积约为 6 万平方米，有房屋近百间，均为清代建筑。建筑总体布局依中轴线排列，为三进式院落，现存殿宇均为硬山佛寺木构建筑。沿中轴线从南到北依次为天王殿、大雄宝殿、毗卢殿、玉佛殿、天然祖堂；在中轴线右侧顺山而建的建筑有伽蓝殿、客房、观音殿、膳房院和藏经楼；左侧则有祖师殿、客房、地藏殿和客堂等。

天王殿门口放置着两个石狮子，在天王殿的正前方是仿的石牌坊（原山门遗址）。其布局严谨合理，错落有致。在地形方面，从山门到后祖堂逐步升高，是一坡地地形。一进院的西厢房为寺庙内部人员居住地，东厢房为女接待区；二进院的西廊房为男接待区。

丹霞寺在 1986 年被河南省人民政府公布为第二批省级文物保护单位，1992 年被河南省人民政府批准为佛教开放场所，2019 年被公布为国家级文物保护单位。丹霞寺保护范围：东以丹霞寺院墙为起点外扩 600 米，至青龙河东岸；南以丹霞寺山门为起点向南扩 60 米至丹霞寺组庄北；西以西院墙为起点向西扩 500 米；北以北院墙为起点向北扩 80 米至后岗庄南端。

丹霞寺简介碑文见图 2-1。

2.1.2 周边环境现状

丹霞寺建筑群选址于留山镇北五公里的群山丛中，整个寺庙坐北向南。背靠苍茫高峻的丹霞山，东南邻青龙山，西北接白虎山。其四周有大面积的古柏林环抱，西临留山河，南靠九龙河，二水与寺前左右交流，环境优美清秀。附近有红蜘蛛山，远处有档子山作屏障、玲珑山相照应，气势雄伟而幽静。

图 2-1　丹霞寺简介碑文

2.1.3　地质地貌

南召县地势西北高，东南低，大体分为三个阶梯。秦岭山脉东延形成的伏牛山脉绵亘于西北部、西南部和北部、东北部，大小群峰 300 余座。诸山呈弓形自西北向西南和东北部蜿蜒展开，最高峰石人山海拔 2153.1 米。西北部海拔在 500～2000 米，为第一阶梯。中部丘陵起伏，由山地向平原过渡，由西北向东南敞开，海拔在 200～500 米，为第二阶梯。南部衔接南阳盆地，为平原地带，海拔在 200 米以下，为第三阶梯。全县地势整体轮廓略呈箕形。山地面积占 34.4%，丘陵面积占 62.5%，平原面积占 3.1%。

2.1.4　气候环境

南召县位于中国重要地理分界线"秦岭-淮河"线上，处于南北方交汇区，800mm 等降水线上，湿润带与半湿润带交汇处，属北亚热带季风型大陆性气候，具有亚热带向暖温带过渡的明显特征。

冬夏长，春秋短，四季分明。春、秋季时间均为 55～70 天，夏季时间 110～120 天，冬季时间 110～135 天。年平均气温 14.4～15.7℃，七月平均气温 26.9～28.0℃，极端最高气温 41.6℃。一月平均气温 0.5～2.4℃，极端最低气温 －14.6℃。年降雨量 703.6～1173.4mm，自东南向西北递减。年日照时数 1897.9～2120.9 小时，年无霜期 220～245 天。

2.1.5　自然资源

南召县自然资源丰富，具有矿产（如煤）资源、植物资源等。矿产资源方面，截至

2013年8月，南召县已发现金属矿产、非金属矿产、燃料矿产、地热矿泉水矿产四大类共47种、416处，遍布全县16个乡镇，其中大型矿床18处，其余均为矿（化）点。

燃料矿产为煤，东起太山庙乡九里山，西至马市坪乡，全长70公里，宽2～5公里，预计储量1.3亿～1.5亿吨，是河南省已发现的八大煤田中唯一一个尚未开发利用的煤田。

树木资源丰富，全县有高等植物2900余种，其中国家重点保护植物有南方红豆杉、银杏、秦岭冷杉、大果青秆、野大豆、厚朴、水青树、水曲柳、黄檗、楠木、球果香榧等31种，河南省重点保护植物33种。珍稀、濒危植物大多数是第三纪古热带植物区系的残余种，有的是起源古老的子遗种和活化石，其中不少属于世界上其他地区已经灭绝的。

2.2 丹霞寺历史沿革

丹霞寺自创建以来，随着历代王朝的兴衰，屡建屡毁，毁后重建，历经沧桑，几度兴衰。历史文献《大宋高僧传》《明嘉靖南阳府志校注》《清乾隆南召县志》记载：

唐元和十五年（公元820年），著名高僧天然"因究生死大事"，自洛阳慧林寺南下，"遍踏诸山之末，钟爱此山之盛"，开始在此开创禅寺。初时仅在响水河上游搭草庵（后名八里庵，天然禅师故后葬于此）。后得庞居士捐地捐款相助，在今址修建庙堂，初名为红霞寺，后改仙霞寺，最后定名丹霞寺。

唐咸通十年（公元869年），丹霞寺门人无学禅师（曾居翠微山）增修丹霞寺殿堂、禅堂、楼阁、僧舍、静堂焕然一新。

北宋熙宁四年（1071年），禅僧德淳将寺院翻新增高，规模达到极盛，故有"八百里伏牛，五百里丹霞"之称。

南宋嘉定十六年（1223年），日本僧人道元渡海来华入丹霞寺，参访该寺第十三代方丈如净禅师，后又随如净到天童寺继续深造。日僧道元学成归国后，在日本创建永平寺，成为日本曹洞宗始祖，尊称丹霞寺和天童寺为祖庭。

元朝末年战争不断，院内的建筑破坏殆尽，"荒址断础，四顾寂寥"。

明永乐十二年（1414年），禅僧谭宽又在寺院的废墟上修建殿堂，规模狭小简陋。

明正统元年（1436年），禅僧觉福（号自然）在丹霞寺整理基址，补低夷高，再加修建。同年8月，南北营殿，东西构堂，中则巍然一阁，耸出山巅。其间架俱按五九之数，厚栋高梁，高檐深拱。

明正统二年（1437年），雕三大佛像于殿内，梵王帝释则参随之，塑罗汉二十八尊于左右，其余圣像咸俱。

明嘉靖二年（1523年），禅僧性寿又加以整修护建，使丹霞寺恢复盛貌，被列为南召八景之一。

明朝末年，丹霞寺再次因战乱被烧毁成为一片废墟。

清初，流散各地的僧人，相继归来，寺里的砥中法幢和尚，披荆斩棘，清理遗址，重修寺院。接着静庵、冕珠二和尚继其志，焚香修道，竭力劝助，经过重修，庙宇更加辉煌。丹霞寺从此进入了鼎盛时期。

乾隆三十四年（1769年），第38代方丈碧峰一清禅师新建法堂，重新建造释迦牟尼殿和毗卢殿两大殿，该寺规模达到空前，进入鼎盛时期，僧人达到500余人。

然后又在道光、同治、光绪年间先后增修了其他的殿堂，其风貌保留至今。

清末民初到20世纪40年代，受战乱影响，寺内活动再度中断，寺内一片萧条景象。到民国时期，兵匪交加，战祸连年，寺院多年失修，残缺不全。佛寺从此败落。

1949年时，仅留觉来、觉先等三名和尚。在党和政府的重视与保护下，不少房舍进行了翻修。寺内现存有宋、明、清等朝代的碑碣数通，上面记载着丹霞寺的沿革变迁。

1960年，在此设立了县人民疗养院。

至1963年寺内共有殿房、僧舍141间。其中三座殿堂、厢房，以及东西两个跨院中的佛像保存完整，色彩灿烂。

改革开放后，由于党的宗教政策全面贯彻落实，寺院整体得到大力保护。

1982年，政府拨款三万元进行修缮，并派出专人看管保护。

1986年11月，河南省人民政府公布的"河南省第二批文物保护单位名单"中，将南召县丹霞寺与塔林设为省级重点文物保护单位。

1988年8月，日本驹泽大学中国佛教史迹参观团慕名到丹霞寺参观考察，丹霞寺开始引起国际佛教界的关注。

1992年3月，河南省人民政府批准丹霞寺为开放佛教活动场所。

1993年7月，南召县礼聘中国佛教协会理事、北京法源寺监院能行法师任丹霞寺住持。

1995年，新加坡龙泉寺方丈广平法师捐资300余万元重塑佛像，修葺殿宇，使之焕然一新。

1996年10月，丹霞寺举行隆重的佛像开光典礼，新加坡广平法师和中国佛教协会理事、北京法源寺监院能行法师，河南省佛教协会副会长能先法师亲临参加庆典。

2007年，妙弘法师与民间集款六万元新建丹霞寺经堂5间。

2009年，丹霞寺僧众及当地居民集资对寺内的主要建筑进行修缮。

2.3 丹霞寺的价值评估

2.3.1 历史价值

唐元和十五年，著名高僧天然在南召县开创禅寺，写下了丹霞寺在历史上的第一笔。由此丹霞寺在历史的长河中浮浮沉沉，历经磨难，建筑几经摧残，在清朝时又重建，形成了今日丹霞寺的原貌。院内曾存历代碑碣多通，留存于今的仅有唐、宋、明、清代的8通。上面记载着丹霞寺的沿革变迁。清道光十三年（1833）碑记"……寺之初始于唐，盛于宋，兵焚于元，迄明中兴，清朝重建至今……"。从唐至今经历千余年，丹霞寺古建筑物如今虽不是唐朝时之原貌，但其背后所代表的佛教文化源远流长，见证了佛教文化在中国的发展，其本身所蕴含的历史价值不可估量。如：寺院西南面 400 米处为历代禅僧之墓葬地塔林。现存元代砖、石塔 5 座，明代砖塔 5 座，清代石塔 4 座，不同年代的塔、碑为研究其历史变迁提供了依据。

2.3.2 科学价值

丹霞寺建筑群属于典型的佛教寺院，整体选址合理，背山面水，是传统中国古建筑选址中的风水宝地。南召县位于中国重要地理分界线"秦岭-淮河"线，即南北方的分界线上，虽建筑风格大多为北方建筑风格，但也有些许南方建筑的风格。如：玉佛殿的五架梁和三架梁都带随梁，大额枋不是平平整整的一块，其做法应为受到南方建筑之影响；清新、淡雅的彩画也体现了江南建筑的特色。寺内建筑距今几百余年，屹立不倒，见证着南、北方古建筑思想冲撞融合的过程，为后人研究古寺庙建筑群的选址，研究地域风俗历史的变迁、建筑布局等提供了重要的实物例证。

2.3.3 艺术价值

丹霞寺是根据其地形天然建成，其中天王殿、大雄宝殿、毗卢殿、玉佛殿、天然祖堂顺山势而上，形成三进院落式建筑群。整体建筑气质秀丽、布局严谨、建筑艺术精湛，集中表现了中国古建筑布局之美。

寺院内的四座清代大理石墓塔为阁楼式造型，底部宽厚浑重，底座以上依次叠起的十层塔基错落有致，各层的石带上大多有优美的图案雕饰，工艺精湛，十分美观。塔上部主体部分的石面上刻以《般若波罗蜜多心经》等经文，其字迹亦为优美的书法作品。石塔的顶盖六角飞檐挑起，仿瓦的石片整体覆盖于穿顶之上，华美绝伦。

建筑中的木雕雕刻精美，造型独特，时代、地域特点鲜明，具有浓郁的地方建筑特征，对于研究同时期该地区建筑形制结构艺术和用材而言是不可多得的实物资料。

2.3.4 文化价值

当今，佛教思想作为一种传统文化资源，仍有极大的存在价值或可发挥空间。如果抛开寺庙，对中原历史、文化、社会的全面理解则无从谈起。丹霞寺作为中原佛教文化的载体之一，对中国中原地区的政治、经济、教育、生活与习俗诸方面均有深远的影响。

2.3.5 社会价值

1986 年 11 月，河南省人民政府公布的"河南省第二批文物保护单位名单"中，将南召县丹霞寺与塔林设为省级重点文物保护单位。这个称号为旅游业的开发提供了前提，为促进地方旅游事业的发展创造了良好的条件；与此同时，也带动了城市交通和服务行业等相关部门的迅速发展。由此可见，丹霞寺不仅是人民休闲、娱乐的场所，更是发展旅游事业的重要物质基础。

2.4 丹霞寺古建筑所面临的保护问题

中国古建筑多以木结构作为主要的承重结构，砖石结构则作为维护结构。而木材虽然有着较高的强重比、易于加工的优良特性，却也有着易燃、易腐朽、易遭虫蛀等特点，这也是传统古建筑保护所面临的主要问题。木结构是整体结构当中的受力结构，一旦木结构发生问题，则整个建筑结构的稳定性将被破坏。

丹霞寺亦经历过很多次的保护修缮，但时至今日还面临着许多问题。一些木构件如立柱、梁枋等出现严重的开裂、腐朽或虫蛀，一些屋面瓦件损毁严重或丢失等，这些残损容易使建筑的结构稳定性产生破坏，使建筑面临着倾倒、塌陷的危险。因此，开展丹霞寺古建筑的保护工作已迫在眉睫。

2.5 本研究的目的和意义

基于以上所述，本研究针对丹霞寺古建筑的形制特征、所出现的材质问题和修缮设计展开研究。通过对古建筑法式勘查和现状勘查，了解其时代特征、结构特征和构造特征，以及残损的类型，并分析其残损原因。在此基础上，制定一套科学合理的修缮方案，为后续更好地对丹霞寺古建筑进行修缮施工和保护工作提供科学依据。

通过对其修缮保护，为后续深入研究提供实物标本。同时为长远地开发南阳旅游资源、造福地方经济等提供方向，让文化遗产的保护和地方经济发展相互促进，使南阳古建筑文化重新焕发生机。

2.6 本研究的内容和技术路线

（1）丹霞寺古建筑法式勘查

通过对丹霞寺古建筑的时代特征、结构特征和构造特征等分析和研究，获取其建筑的形制特点，为后续修缮方案设计提供参考依据。

（2）丹霞寺古建筑残损情况的勘查

在法式勘查的基础上，对丹霞寺古建筑存在的残损情况及潜在隐患进行全面详细的勘查，包括建筑整体歪闪变形情况、木构架（木柱、木梁枋）、屋面、墙体、地面、木装修等所出现的残损。并对这些残损进行残损等级的划分，为后续有针对性地选择适宜的修缮方法提供数据支撑。

（3）丹霞寺古建筑木构件的鉴定

通过木构件宏观和微观构造观察，进行树种鉴定，获取其化学、物理和力学等性质，分析其用材特点，科学判断其抵抗腐朽和虫蛀能力，揭示材质劣化的内在原因，为木构件的科学合理修补、替换以及材质劣化的潜在风险评估提供依据。

（4）丹霞寺古建筑木构件细胞壁劣化程度的研究

采用原位分析方法对不同类型细胞壁中纤维素、半纤维素、木质素的分布及含量情况进行观察和分析，从微观角度上对其材质状况进行剖析；采用FTIR等现代先进手段对劣化木构件进行化学成分测定，解析其化学成分的变化规律，从化学官能团变化的角度对其材质状况进行剖析。通过原位和化学官能团分析相结合，剖析细胞壁的劣化程度，为后续有针对性地选择适宜的修缮方法提供数据支撑。

（5）丹霞寺古建筑修缮设计

方案总体设计依据上述法式勘查、现状勘查、树种鉴定以及细胞壁视角下材质劣化程度剖析结果进行，严格遵守"不改变文物原状"的原则进行修缮方案的设计。通过对修缮方案的研究和制定，为后续具体的修缮施工提供依据和指导。

本书的技术路线如图2-2所示。

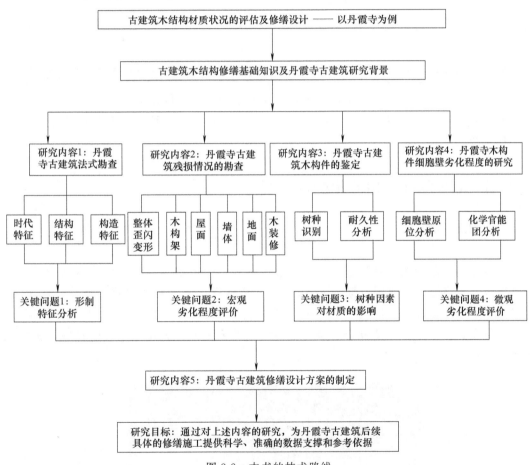

图2-2　本书的技术路线

| 第3章 |

丹霞寺古建筑法式勘查

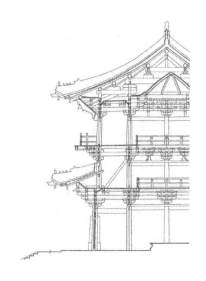

在对文物建筑进行修缮保护之前，需要对其进行法式勘查，以准确地了解其时代特征、结构特征、构造特征，为制定与之相匹配的修缮方案提供依据。

本章节对丹霞寺古建筑的形制特征进行勘查和分析，为后续修缮方案的制定提供基础数据和参考依据。

3.1 法式勘查对象和使用到的工具

3.1.1 法式勘查对象

丹霞寺建筑群采用四合院形式，沿中轴线展开，在中轴线上从南到北依次为天王殿、大雄宝殿、毗卢殿、玉佛殿（原为方丈室）、天然祖堂；中轴线东侧顺山而建的建筑有伽蓝殿、客房、观音殿、膳房院和藏经楼；中轴线西侧的建筑有祖师殿、客房、地藏殿和客堂等（图3-1）。本研究主要勘查对象为主轴线上的天王殿、大雄宝殿、毗卢殿、玉佛殿、天然祖堂共五个殿。

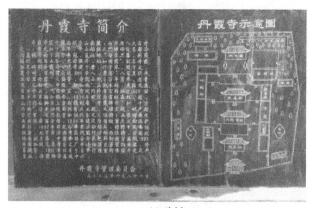

(a) 碑刻

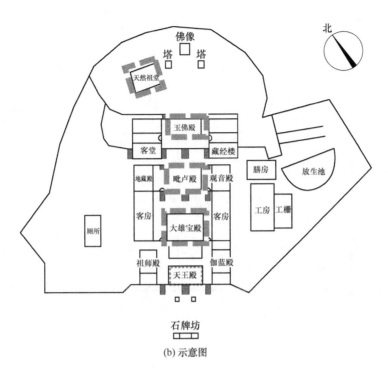

图 3-1 丹霞寺总体平面布局

3.1.2 法式勘查用到的工具

本次勘查用到的设备有三维激光扫描仪（型号：TX6。厂商：美国天宝）、手持式激光测距仪（型号：X_3。厂商：德国徕卡）、相机、20m 卷尺、5m 钢尺等。

3.2 结果与分析

3.2.1 天王殿建筑法式勘查结果

天王殿建筑整体坐北朝南，面阔五间，进深三间，为单层硬山式建筑。通面阔 16.02m，通进深 7.40m，其中明间面阔皆为 3.27m，两次间面阔皆为 3.25m，两稍间面阔皆为 3.15m；前檐柱与前金柱进深 1.37m，两金柱间进深 4.83m，后廊进深 1.20m（图 3-2）。

3.2.1.1 时代特征

在中国古建筑长期的发展过程中，由于生活水平、地理条件、气候、建筑材料的生产、生活习惯、宗教信仰、美学观点等的差异，各地区、各民族、各时代都形成了各自的建筑特征。因此，根据建筑现存形制特征进行分析和研究，可以确定出建筑的建造年代。

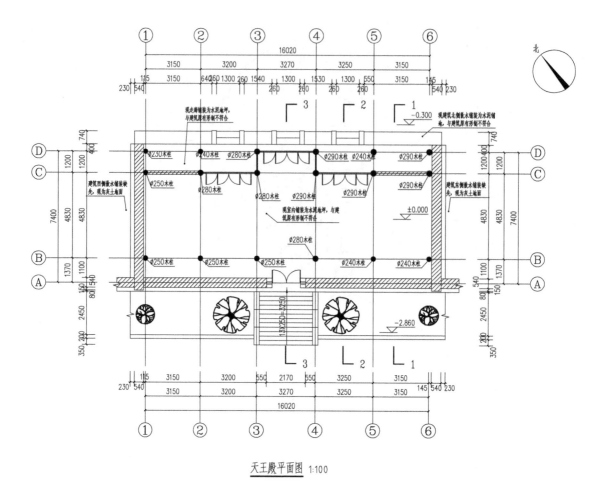

图 3-2　天王殿平面布局测绘图（比例 1∶100）

掌握建筑的建造年代，以更精确地按照古建筑的时代特征对其进行合理、科学的修缮设计。

（1）平面布局、柱网、柱形

① 柱子的排列方法　唐、宋及辽代初期，建筑平面中柱子排列都是纵横成行，排列整齐［图 3-3（a）～（c）］。但也有建筑为了扩大室内空间，减掉部分金柱，产生了"减柱造"的做法。如：山西太原北宋晋祠圣母殿就采用了"减柱造"［图 3-3（d）］；辽代中叶，开始大量出现"减柱造"的做法［图 3-3（e）］；"减柱造"逐渐成为金、元时期建筑重要的风格特征［图 3-3（f）～（h）］，比较明显的实例为五台山佛光寺文殊殿［图 3-3（f）］；明、清时期官式建筑的柱子排列又与唐、宋时期相同，排列整齐，已较少使用"减柱造"的做法［图 3-3（i）、（j）］（杨焕成，2016）。

天王殿平面呈横长方形，室内柱子整体以行和列纵横进行排布，每行和每列的柱子几乎都整齐地排布在一条轴线上，排列十分整齐，没有采用"减柱造"的做法（图 3-2）。

② 柱的式样　不同时期柱的式样也有差异（图 3-4）。梭柱在魏晋南北朝多见，隋唐以后就不多见；隋唐时期的柱子多为圆形、方形、八角形，圆形是通用的形式。到宋代后还出现了瓜楞形。元代及以前的柱头，多进行卷杀，形状为覆盆式；到明代时多在柱头正

第 3 章　丹霞寺古建筑法式勘查

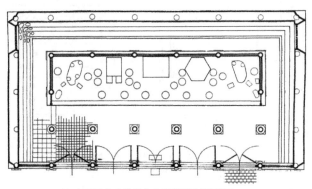

(a) 山西五台山佛光寺大殿(唐代)(傅熹年，
2001；杨焕成，2016；刘敦桢，2020)

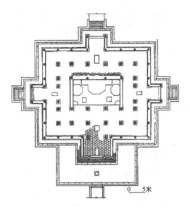

(b) 河北正定隆兴寺摩尼殿(北宋)
(郭黛姮，2003；杨焕成，2016)

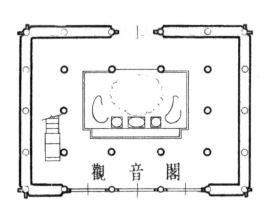

(c) 天津蓟县独乐寺山门（辽代初期）
(郭黛姮，2003；杨焕成，2016；刘敦桢，2020)

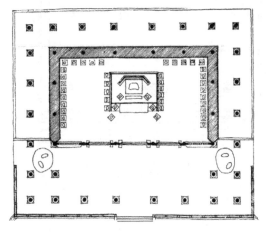

(d) 山西太原晋祠圣母殿(减柱)(北宋)
(柴泽俊，2009；杨焕成，2016；刘敦桢，2020)

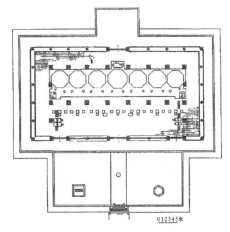

(e) 辽宁义县奉国寺大殿(减柱)
(辽代中期)(郭黛姮，2003；
杨焕成，2016)

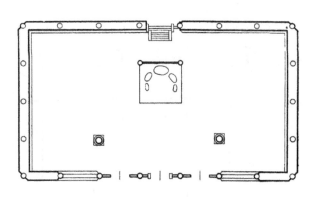

(f) 山西五台山佛光寺文殊殿(减柱)(金代)
(罗哲文，2001；杨焕成，2016；刘敦桢，2020)

图 3-3

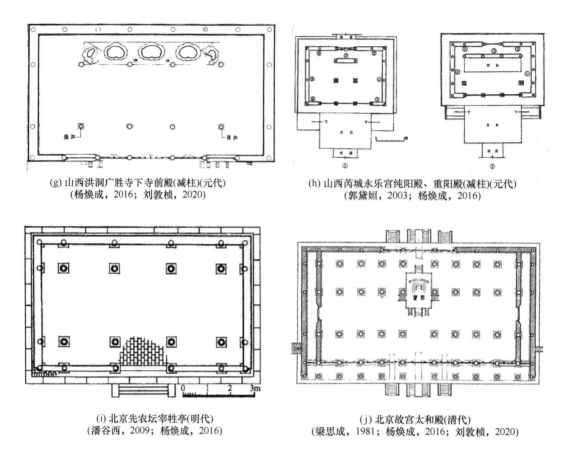

(g) 山西洪洞广胜寺下寺前殿(减柱)(元代)
(杨焕成，2016；刘敦桢，2020)

(h) 山西芮城永乐宫纯阳殿、重阳殿(减柱)(元代)
(郭黛姮，2003；杨焕成，2016)

(i) 北京先农坛宰牲亭(明代)
(潘谷西，2009；杨焕成，2016)

(j) 北京故宫太和殿(清代)
(梁思成，1981；杨焕成，2016；刘敦桢，2020)

图 3-3　各时期柱网布置图

面最顶部抹成斜面，称之为斜杀；而到了清代，官式建筑中柱头不做任何处理，即采用平齐状的柱头形式（杨焕成，2016）。另外，各时期建筑内柱高和檐柱高的比例也有一定的变化。唐代建筑中内外檐柱子的高度是基本相等的，宋代开始内柱逐渐加高（杨焕成，2016）。

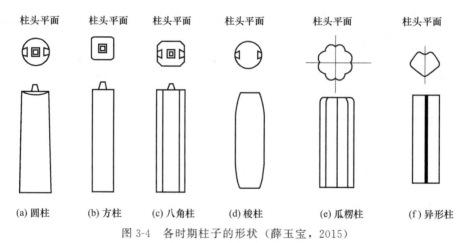

(a) 圆柱　　(b) 方柱　　(c) 八角柱　　(d) 梭柱　　(e) 瓜楞柱　　(f) 异形柱

图 3-4　各时期柱子的形状（薛玉宝，2015）

天王殿中的立柱都为木柱，前金柱六根，后金柱六根，后檐柱六根。殿内柱子多为圆形木柱，整体柱子柱根与柱头的直径也没有明显变化[图 3-5（a）~（d）]；柱头为平齐状的形式，没有做卷杀或斜杀[图 3-5（c）]。天王殿的金柱与檐柱高度不同，金柱比檐柱高出许多，两根柱子之间靠单步梁和穿插枋[图 3-5（d）、（e）]连接。该殿柱子的式样符合明清地方建筑特征。

(a) 圆形木柱（一）   (b) 圆形木柱（二）   (c) 圆形木柱（三）

 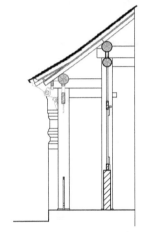

(d) 圆形木柱，金柱与檐柱高度不同   (e) 金柱与檐柱高度不同示意图

图 3-5 天王殿立柱的样式

③ 柱侧脚与生起 中国传统古建筑的柱子大部分并不是笔直向上的，而是采用古建筑最外圈的柱子（檐柱）顶部略微收，底部向外掰出一定尺寸，稍微向内倾斜的做法，宋代称为柱侧脚[图 3-6（a）、（b）、（c）]。《营造法式》（李诫，2019）卷五《大木作制度二·柱》载："凡立柱，并令柱首微收向内，柱脚微出向外，谓之侧脚。每屋正面（谓柱首东西相向者），随柱之长，每一尺即侧脚一分；若侧面（谓柱首南北相向者），每长一尺，即侧脚八厘。至角柱，其柱首相向各依本法。"这句话规定了：每间房屋在正面（长度方向），柱身侧脚尺寸为柱高的 10/1000（柱底往外掰出 10/1000 柱高的尺寸）；在侧面（宽度方向），柱身侧脚尺寸为柱高的 8/1000；在角柱位置，两个方向同时按上述尺寸规定侧脚。也就是说，柱子上端的柱头和下端的柱脚，其中心线不在一条铅垂线上，即与地面成斜角。

侧脚一般使用在角柱、檐柱、山柱三种柱子上。《营造法式》规定，檐柱向内倾斜千分之十，山柱向内倾斜千分之八，角柱向建筑中心的两个方向倾斜。但是，元代以前的建筑大多超过了上述尺度。为了防止柱子站立不稳，《营造法式》还规定"截柱脚柱首，各令平正"。侧脚的做法增强了建筑的稳定性，提高了木构架的抗震性能和建筑材料的结构刚度。侧脚的做法在魏晋南北朝时期就已经存在，唐、宋、辽、金、元代建筑中均采用此做法，明、清时期仍在使用，但不十分明显，已不易察觉（杨焕成，2016）。

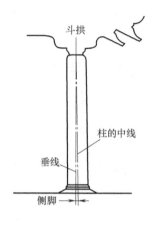
(a) 柱侧脚示意图

(b) 曲阳北岳庙(元)

(c) 五台县广济寺大殿(元)

图 3-6　柱侧脚

唐代到元代的建筑中，柱子的高度都是自明间向两侧逐渐升高，平柱最低，角柱最高，这种做法称为生起［图 3-7（a）］。《营造法式》对生起作了具体规定："至角则随间数生起角柱。若十三间殿堂，则角柱比平柱生高一尺二寸；十一间生高一尺；九间生高八

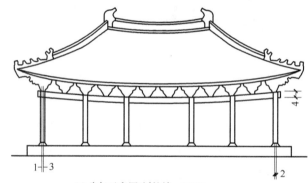
(a) 生起示意图(刘敦桢，2020)

(b) 山西平顺大云院大佛殿正立面
（五代·后晋）

(c) 山西平顺大云院弥陀殿侧立面
（五代·后晋）

图 3-7　柱生起

寸；七间生高六寸；五间生高四寸；三间生高二寸。"由此可见，平柱与角柱不在一条水平线上，明间、次间、稍间，平柱至角柱逐渐增高，形成缓缓上升的弧线。生起的使用使得建筑外形优美，增强了构件间的结构强度，使建筑更加稳定。生起流行于唐、宋、辽、金、元各代［图 3-7（b）、(c)］，明、清以后柱子生起在北方建筑中消失，但在南方民居中仍较盛行（杨焕成，2016）。

天王殿中的立柱自明间至次间和稍间高度一致，大致在一条轴线上，并未出现角柱最高、明间柱子向两侧逐渐升高的生起现象［图 3-5（a）、(b)］；另外，柱子是笔直向上，未出现柱子向内倾斜的侧脚现象［图 3-5（a）、(b)］。以上两点均符合明清地方建筑的做法。

④ 柱础　柱础为中国古建筑的基本构件之一，清代称之为柱顶石，俗称磉盘或柱础石。它是承受屋柱压力的垫基石，凡是木架结构的房屋，可谓柱柱皆有，缺一不可。《营造法式》造柱础之制："其方倍柱之径。方一尺四寸以下者，每方一尺，厚八寸；方三尺以上者，厚减方之半；方四尺以上者，以厚三尺为率。"作为承载柱子压力、向下传递荷载的建筑构件，柱础的尺寸决定于柱子的直径。

在结构上，除了圆柱形和圆鼓形柱础，大部分柱础都是由顶、肚、腰、脚四部分组成。随着朝代的变迁，制作和雕刻工艺越发精美，加上承载了宗教、民俗、审美等一系列的文化因素，使得柱础的形制和雕饰越来越丰富。唐、宋、辽、金代的柱础石多为覆盆式［图 3-8（a）、(b)］；元代多用不加雕饰的素覆盆式［图 3-8（c)］；明、清时期官式多用鼓镜式［图 3-8（d)］（杨焕成，2016）。

(a) 陕西麟游隋仁寿宫遗址出土覆盆式柱础
(唐代)(杨鸿勋，2008；杨焕成，2016)

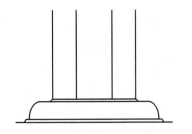

(b) 登封少林寺初祖庵大殿内檐覆盆式柱础
示意图(宋代)(杨焕成，2016)

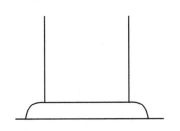

(c) 山西芮城永乐宫三清殿素覆盆式柱础示意图
(元代)(杨焕成，2016)

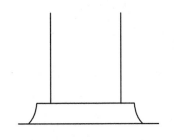

(d) 北京智化寺万佛阁鼓镜式柱础示意图
(明代)(杨焕成，2016)

图 3-8　各时期柱础的形式

天王殿中柱础均为鼓形式柱础（图3-9），符合明清地方建筑的时代特征。

(a) 鼓形式(一)　　　　　　　　　　　　　　(b) 鼓形式(二)

图 3-9　天王殿中柱础的形式

（2）梁架

唐、宋时期，室内有平棊（天花板）的，上部梁枋构件表面加工粗糙，称草栿，由于看不见，所以制造粗略，未经任何艺术加工；在平棊（天花板）以下，梁枋构件表面加工较细致规整，称为明栿，由于在室内能看得见，所以制造精致。明栿与草栿是相对而言的。室内没有平棊的，全部用明栿，称彻上明造（杨焕成，2016）。

唐代多用月梁，宋代用直梁较多，也用月梁。隋唐建筑在平梁上通常不用蜀柱，仅用两根大叉手［图3-10（a）、（b）］。叉手是古建筑大木作梁架上的构件，为两根方木，下端交于平梁的两头，上端交于脊檩，起到支撑脊檩的作用。由于叉手为斜向承重构件，故又称斜柱（杨焕成，2016）。

根据文献记载，汉代已使用此构件；南北朝至唐宋的壁画石刻以及建筑遗存中，叉手形象非常普遍。如：唐代山西五台山佛光寺大殿［图3-10（a）］、南禅寺大殿［图3-10（b）］等。此时叉手功能是承重和增加稳定性（三角形具有稳定性），因此用料大。其他柱梁及其结点使用斗栱、驼峰、侏儒柱、矮柱等，用材大，形制古朴。檩与枋使用襻间铺作。唐晚期叉手与蜀柱同时出现。

宋式建筑平梁之上皆立蜀柱［图3-10（c）、（d）］，以承托脊檩，蜀柱是通过斗栱连接起来，但叉手来起到支撑稳定的作用；除平梁正中用蜀柱外，其余各结点都附驼峰或斗栱承托（杨焕成，2016）。如：河北正定县隆兴寺转轮藏殿［图3-10（c）］、山西太原市晋祠圣母殿［图3-10（d）］。

辽、金代建筑也有明栿和草栿之分；元代梁架很独特，产生了简约的做法，即梁架多采用天然弯曲的原木，形成彻上明造梁枋，全为草栿，表面加工粗糙，这成为元代建筑最重要的特征之一（杨焕成，2016）。辽、金、元代建筑梁架中各结点用蜀柱的地方渐多，蜀柱的出现分担了原叉手的承重功能，因此叉手的断面明显缩小，用料减小，檩与枋使用襻间铺作［图3-10（e）～（i）］。

而明清时期与元代恰恰相反，明清官式建筑梁枋加工细致，可以说全是明栿的做法；中原地区木构建筑的梁枋表面有的加工细致，有的加工粗糙，即仍保留有草栿造的做法

第 3 章 丹霞寺古建筑法式勘查

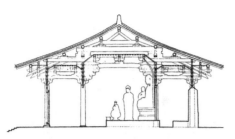

(a) 山西五台山佛光寺大殿
(唐代)(刘敦桢,2020)

(b) 山西五台山南禅寺大殿
(唐代)(刘敦桢,2020)

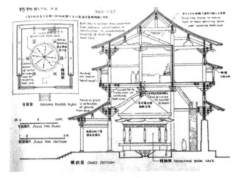

(c) 河北正定县隆兴寺转轮藏殿(宋代)

(d) 山西太原市晋祠圣母殿
(北宋)(刘敦桢,2020)

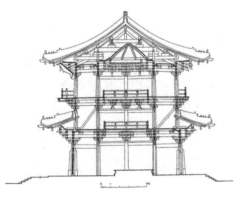

(e) 河北蓟县独乐寺观音阁
(辽代)(刘敦桢,2020)

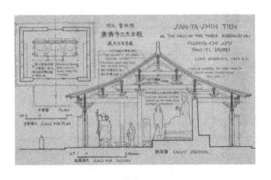

(f) 河北宝坻广济寺(辽代)

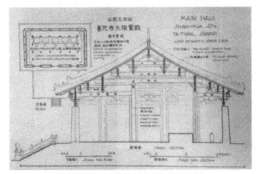

(g) 山西大同善化寺大雄宝殿(金代)

图 3-10

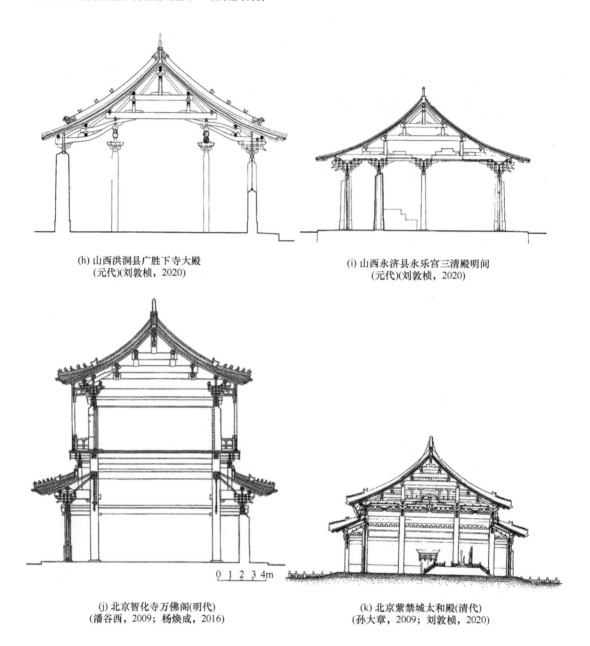

(h) 山西洪洞县广胜下寺大殿
(元代)(刘敦桢,2020)

(i) 山西永济县永乐宫三清殿明间
(元代)(刘敦桢,2020)

(j) 北京智化寺万佛阁(明代)
(潘谷西,2009;杨焕成,2016)

(k) 北京紫禁城太和殿(清代)
(孙大章,2009;刘敦桢,2020)

图 3-10 叉手和瓜柱

(杨焕成,2016)。明清时期则全用蜀柱（瓜柱），梁架结点上很少用驼峰，节点结合大大加强，继而不需要叉手、托脚来稳定，慢慢也就取消叉手［图 3-10（j）、（k）］。在某些地区的明清建筑中虽仍保留此形制，可是用材显著缩小，已不能起到在早期建筑中所负担的荷载作用。从隋唐到明清这一演变过程，证明了叉手的结构作用减弱趋势。

从唐到元代的建筑，檩与枋之间的连接多用斗拱支撑［图 3-11（a）］；明代多不用斗拱，通常是用垫板填充，称为"檩-垫-枋"三件［图 3-11（b）］，到清代已成定例（杨焕成，2016）。

天王殿的梁架为抬梁式结构，也称叠梁式，即在前后檐柱间放置大梁，大梁上立瓜

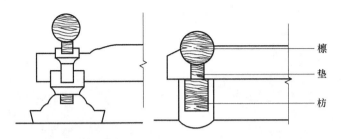

(a) 元代结点图(杨焕成，2016)　　(b) 明、清代结点图(杨焕成，2016)

图 3-11　各时代梁架结点的形式

柱，瓜柱上叠置小梁，各层梁端搁置檩条，形成三角形的基本框架结构。由于天王殿属于地方做法，梁表面加工得较细，刷了一层油漆［图 3-12（a）、(b)］。

天王殿梁架结构中虽然都使用了叉手构件［图 3-12（a）、(b)］，但其断面尺寸较小，已无《营造法式》中所规定的材分大小，并不作为主要的承重构件；在平梁上以及其他梁上全部使用瓜柱，且瓜柱断面全为圆形或八角形；檩和枋间加置了一层垫板［图 3-12（a）、(b)］。

(a) 叉手和瓜柱(一)

(b) 叉手和瓜柱(二)

图 3-12　天王殿抬梁式梁架结构

从以上对叉手、瓜柱以及"檩-垫-枋"三件连用的描述来看，天王殿符合明清建筑特征。但天王殿中檩条所用的随枋截面并非明清官式建筑中的长方形，而为圆形，连接的处理方法与明清时期官式建筑的基本一致。木材的截面形状天生就为圆形，如果要做成像官式建筑随檩枋横截面那样的长方形，可能需再加工。本地建筑手法中多因地制宜，而且考虑到经济因素，所以常常出现一些较为简单的做法，即直接将圆形的木材当作随檩枋使用。其在结构承重上与长方形的随檩枋功能形式相同，并不会破坏其结构的稳定性，因此直接就地取材。所以这是一种地方做法而并不是个例，因此此种结点处理的方式可以作为一种通用的建筑手法来判断该建筑的建造年代。

（3）门

① 板门　唐代之前中国古建筑的门都是板门，一块整体，不透光［图 3-13（a）、(b)］(杨焕成，2016)。板门的形制变化主要涉及门簪、门钉、铺首等。汉代已使用门簪，为二至三枚，多方形；唐代到元代仍多为二至三枚，有方形、菱形和长方形数种。门簪正面多施雕刻，有四瓣、柿蒂，所用纹样都不相同；明、清多用四枚，一般民居二枚；通用的形式为八角形或六角形，各瓣浑圆出线，正面刻图案花纹。天王殿正立面门也采用

了板门的式样［图3-13（c）］。

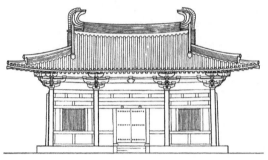

(a) 山西五台山南禅寺大殿(唐代)
(傅熹年，2001；杨焕成，2016；
刘敦桢，2020)

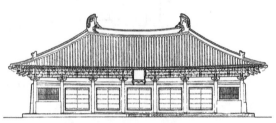

(b) 山西五台山佛光寺大殿(唐代)
(傅熹年，2001；杨焕成，2016；
刘敦桢，2020)

(c) 天王殿

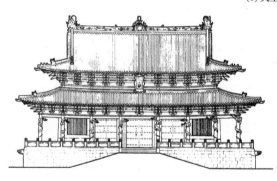

(d) 山西太原晋祠圣母殿(北宋)
(柴泽俊，1999；杨焕成，2016；
刘敦桢，2020)

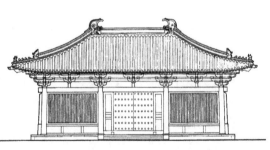

(e) 河北蓟县独乐寺山门
(辽代)(刘敦桢，2020)

图 3-13 木板门

② 隔扇门　唐代以前没有隔扇门，都是木板门。宋代［图3-13（d）］和辽代［图3-13（e）］也有木板门，但开始大量采用隔扇门［图3-14（a）、（b）、（c）］，隔扇门的出现大大改善了进光条件。"四抹隔扇"成为宋代建筑的通用标配［图3-14（a）］。元、明时期有的已为"五抹隔扇"［图3-14（b）、（d）］，而到了清代都是"六抹隔扇"［图3-14

(c)]。隔扇的抹数越多，它的年代也就越靠后。

天王殿背立面门为"六抹隔扇"的样式［图 3-14（e）］，另外窗户的样式为"四抹槛窗""一码三箭式"直棂窗［图 3-5（a）、(b)；图 3-14（e）］。天王殿门窗的特点符合清代建筑特征。

(a) 四抹隔扇门(郭黛姮，2003)　　(b) 五抹隔扇门　　(c) 六抹隔扇门

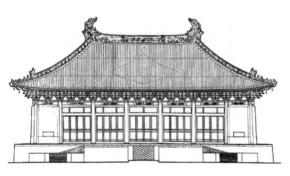 

(d) 山西永济县永乐宫三清殿　　　　(e) 天王殿六抹隔扇门
(元代)(刘敦桢，2020)

图 3-14　门窗的形式

（4）小结

从天王殿柱的排列、柱的式样、柱侧脚与生起、柱础、梁架以及门窗的做法来看，天王殿为典型的明清时期河南地方建筑。

寺内现存的清道光十三年（1833 年）碑记载："丹霞寺之初始于唐，盛于宋，兵焚于元，迄明中兴，清朝重建至今"。丹霞寺院门口碑刻简介中写道："仙霞寺占地面积 6 万平方米，房舍百余间，均为清代建筑。"

3.2.1.2　结构特征

天王殿建筑结构仍属于中国传统的木构架建筑形式，即以抬梁式的木结构为骨架体系，木构架为主要的承重构件，墙体为围护结构，不起承重作用［图 3-12（a）、(b)；图 3-15］。在立柱间饰以木装修以分隔空间。屋面使用传统的板瓦作为主要的屋面构件，通过一定的屋面出檐来解决排水问题［图 3-15（a）、(b)］。

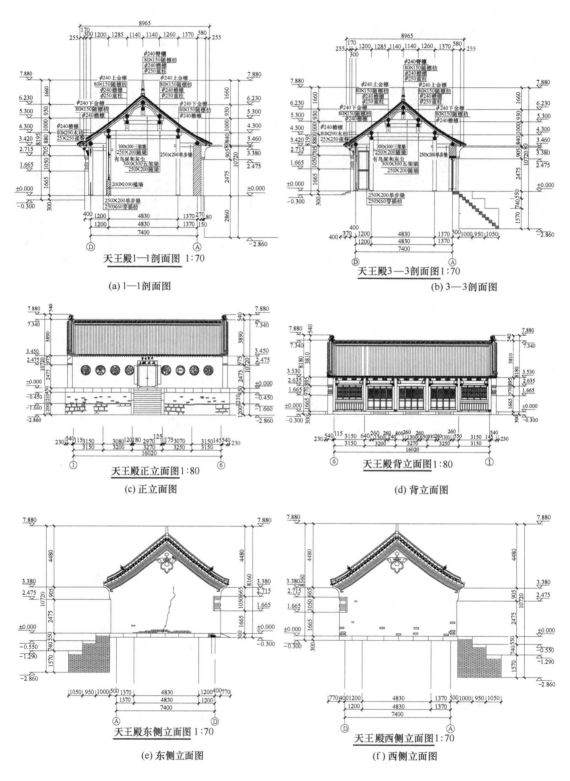

图 3-15 天王殿结构测绘图

3.2.1.3 构造特征

（1）木构架

天王殿前金柱六根，后金柱六根，后檐柱六根（图3-2）。前檐墙与前金柱间设单步梁，无穿插枋［图3-5（c）；图3-15（a）、（b）］。后檐柱与后金柱间设单步梁，有穿插枋［图3-5（a）、（d）、（e）；图3-15（a）、（b）］。前金柱与后金柱间设五架梁，上托下金檩，下设随梁，其上置两瓜柱，两瓜柱上置三架梁，上托上金檩，下置随梁，三架梁上置脊瓜柱，脊瓜柱上托脊檩，瓜柱两侧无角背。脊檩与上金檩间架脑椽，上金檩与下金檩间架花架椽，下金檩与檐檩间架檐椽，上出飞椽。檩条下皆再安置随檩枋，后檐随檩枋下还置木枋，上饰彩画，其间置有梁栿，雕刻精美，上饰彩画［图3-12（a）、（b）；图3-15（a）、（b）］。

（2）屋面

天王殿屋面用灰色青瓦覆盖［图3-16（a）、（b）］，为硬山屋顶［图3-16（a）、（d）］。正脊是花瓦脊和实脊混合而成，并且实脊面布满花卉砖雕，两端有吻兽［图3-16（a）、（b）、（c）］。垂脊分兽前和兽后两段［图3-16（d）］，但没有小兽分布。垂脊和正脊的建筑样式与传统的官式建筑结构类似，但是所用吻兽构件的样式和官式样式不太一样，虽其主体也为龙样，但其形式却较为灵活，样式较多。

图3-16 天王殿屋面

（3）墙体

天王殿东西两侧山墙均采用"多层一丁"做法进行砖块垒砌，属于地方做法。东侧墙体［图3-17（a）］、西侧墙体［图3-17（b）］、正立面墙体［图3-16（a）］均刷红漆。丹霞寺建筑属于寺庙建筑，红色的墙体，加之正立面墙体上写着"法轮常转""佛日增辉"［图3-16（a）；图3-15（c）］，带有浓浓的佛教色彩。

（4）木装修

天王殿前檐明间居中开设双开实木板门［图3-13（c）；图3-15（c）］，下施木质下槛。后檐明间、两次间设"四开六抹隔扇门"，"一码三箭"形制［图3-5（a）、（b）；图3-14

(a) 东侧墙体

(b) 西侧墙体

图 3-17 天王殿墙体

(e);图 3-15 (d)];两稍间设"四开四抹隔扇窗","一码三箭"形制[图 3-5 (a)、(b);图 3-14 (e);图 3-15 (d)]。

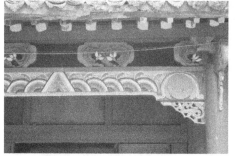

图 3-18 天王殿木装修

后檐单步梁下随梁枋出挑,下设木雕仙桃斜撑,上设木雕垫板,支撑其上的挑檐枋;后檐檩下留一大空当,空当中则置一个与"徽派建筑"相似的梁枋构件,然后再放一个木枋,木枋下设雀替[图 3-5 (a)、(d);图 3-18]。由于南召县地处豫西南,与皖北交界,其建筑的做法或多或少受到"徽派建筑"的风格影响。木枋上原本是斗拱位置,现状是用雕刻木块替代以支撑檐枋[图 3-5 (a)、(d);图 3-18],称之为异性栱,这种做法在南阳本地十分常见。

3.2.2 大雄宝殿建筑法式勘查结果

大雄宝殿建筑整体坐北朝南,面阔五间,进深四间,单檐硬山建筑。通面阔 16.05m,通进深 9.76m,其中明间面阔为 3.25m,两次间面阔为 3.30m,两稍间面阔皆为 3.10m;前檐柱与前金柱进深 1.22m,前金柱与中柱间进深 1.22m,后金柱与中柱间进深 4.88m,后廊进深 2.44m(图 3-19)。

3.2.2.1 时代特征

(1) 平面布局、柱网、柱形

① 柱子的排列方法 大雄宝殿平面呈横长方形,室内柱子整体以行和列纵横进行排布,每行和每列的柱子几乎都整齐地排布在一条轴线上,排列十分整齐,没有采用"减柱造"的做法(图 3-19)。

② 柱的式样 大雄宝殿中的立柱都为木立柱,前檐柱六根,前金柱六根,内柱六根,后金柱六根。柱身截面多为圆形,柱根与柱头的直径也没有明显变化[图 3-20 (a)、

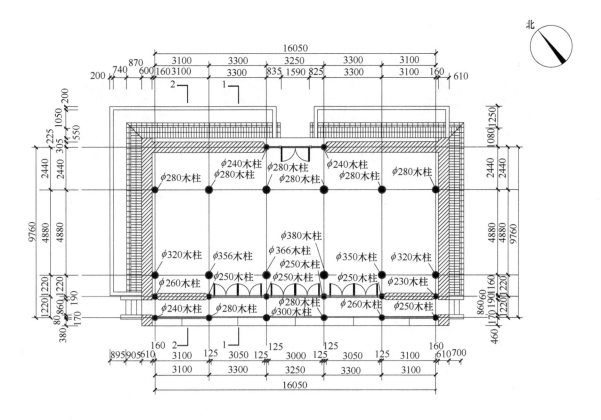

大雄宝殿平面图 1:100

图 3-19 大雄宝殿平面布局测绘图（比例 1∶100）

(b)、(c)]；柱头没有做卷杀或斜杀，为平齐状的柱头形式 [图 3-20（b）]。大雄宝殿的金柱与檐柱不同高，金柱比檐柱高出许多，两根柱子之间靠单步梁和穿插枋连接 [图 3-20（b）、(c)]。该殿柱子的式样符合明清建筑特征。

(a) 圆形木柱　　　　(b) 圆形木柱，柱头平齐状　　　　(c) 金柱与檐柱高度不同

图 3-20 大雄宝殿立柱的样式

③ 柱侧脚与生起　大雄宝殿的檐柱高度一致，无生起现象 [图 3-20（a）]；另外，柱子均笔直向上，未见侧脚现象 [图 3-20（a）]。

④ 柱础　大雄宝殿中所有的柱础均采用鼓形式柱础（图 3-21）。此殿单层鼓形的柱础形式符合明清时期河南地方手法的做法。

(a) 鼓形式(一)　　　　　　　　　(b) 鼓形式(二)

图 3-21　大雄宝殿柱础的形式

（2）梁架

大雄宝殿的梁架为抬梁式结构，形成三角形的基本框架结构。由于此殿属于地方做法，梁表面加工得较细，刷了一层油漆（图 3-22）。

大雄宝殿梁架结构中使用了叉手构件［图 3-22（a）］，其叉手断面尺寸较小，已无《营造法式》中所规定的材分大小，并不作为主要的承重构件。该殿的梁架中全部使用瓜柱，且瓜柱断面为八角形，瓜柱下使用驼峰角背［图 3-22（a）、（b）、（c）、（d）、（f）］。该殿的梁架中，檩和随檩枋间加置了一层垫板（图 3-22），符合清代官式"檩-垫-枋"三件连用特征。

(a) 叉手构件，瓜柱下使用驼峰角背　　　　　(b) 瓜柱下使用驼峰角背(一)

(c) 瓜柱下使用驼峰角背(二)　　　　　　　(d) 瓜柱下使用驼峰角背(三)

(e)"檩-垫-枋"三件连用(一)   (f)"檩-垫-枋"三件连用(二)

图 3-22   大雄宝殿抬梁式梁架结构

从叉手、瓜柱的做法以及"檩-垫-枋"三件连用的特征来看,大雄宝殿符合明清建筑特征。唯一不同的是,和天王殿的随檩枋截面一样,该殿中檩条所用的随檩枋截面并非官式建筑中的长方形,而为圆形。

（3）门

① 板门   大雄宝殿背立面的门为木板门［图 3-23（a）］。

② 隔扇门   大雄宝殿正立面采用的门为"六抹隔扇"的样式［图 3-20（a）；图 3-23（b）］,另外窗户的样式为"四抹槛窗","一码三箭式"直棂窗［图 3-20（a）］。大雄宝殿门窗的特点符合清代建筑特征。

(a) 木板门   (b) 六抹隔扇门

图 3-23   大雄宝殿门窗的形式

（4）结论

大雄宝殿柱的排列、柱的式样、柱侧脚与生起、柱础、梁架以及门窗的做法,进一步印证该殿为明清建筑。

3.2.2.2 结构特征

大雄宝殿建筑结构仍属于中国传统的木构架建筑形式,以抬梁式的木结构为骨架体系(图 3-22;图 3-24),木构架为主要的承重构件,墙体为围护结构,不起承重作用。在立柱间饰以木装修以分隔空间。屋面使用传统的板瓦作为主要的屋面构件,通过一定的屋面出檐来解决雨天排水问题(图 3-20)。

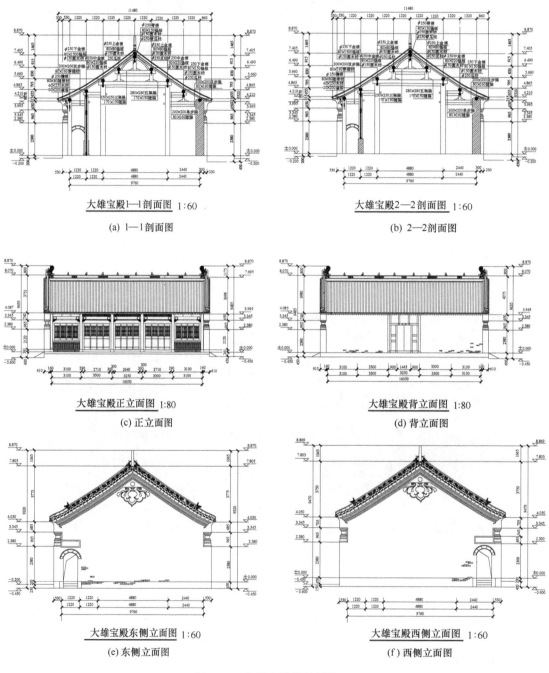

(a) 1—1剖面图

(b) 2—2剖面图

(c) 正立面图

(d) 背立面图

(e) 东侧立面图

(f) 西侧立面图

图 3-24 大雄宝殿结构测绘图

3.2.2.3 构造特征

(1) 木构架

大雄宝殿梁架前檐柱六根，前金柱六根，内柱六根，后金柱六根（图3-19）。前檐柱与前金柱单步梁连接，有穿插枋［图3-20（c）；图3-24（a）、(b)］；前金柱与内柱单步梁连接，有穿插枋［图3-22（e）；图3-24（a）、(b)］；内柱与后金柱设五架梁，上托下金檩，下设随梁，其上置两瓜柱，连接其上的三架梁，三架梁上托上金檩，下置随梁，三架梁上置脊瓜柱，脊瓜柱上托脊檩，瓜柱两侧设角背，脊檩与上金檩间架脑椽，上金檩与下金檩间架花架椽，下金檩与檐檩间架檐椽，上出飞椽。檩条下皆再安置随檩枋，后檐随檩枋下还置木枋，上饰彩画，其间置有梁枕，雕刻精美，上饰彩画［图3-22（a）、(b)、(f)；图3-24（a）、(b)］。后檐柱与后金柱双步梁连接，有穿插枋，其上承瓜柱支撑单步梁，瓜柱两侧设角背［图3-22（c)、(d)；图3-24（a）、(b)］。

(2) 屋面

大雄宝殿屋面用灰色青瓦覆盖（图3-25）。屋脊包含1个正脊和4个垂脊［图3-25（a）］。正脊是花瓦脊和实脊混合而成，并且实脊面布满花卉砖雕，脊上分布8个小兽，两端为吻兽［图3-25（a）、(b)］。大雄宝殿垂脊是实脊，分兽前兽后两段，兽前部分分布2个小兽［图3-25（c）］，兽后部分分布3个小兽且两面布满花纹砖雕［图3-25（c）、(d)］；垂脊上的砖雕、小兽等脊件形象生动，体现出当时砖雕技艺的高超。

(a) 灰色青瓦，脊上分布有小兽，两端为吻兽

(b) 灰色青瓦，脊上分布有小兽

(c) 垂脊是实脊，兽前分布2个小兽，兽后分布3个小兽且两面布满花纹砖雕

(d) 兽后部分分布3个小兽且两面布满花纹砖雕

图3-25 大雄宝殿屋面

(3) 墙体

大雄宝殿东西两侧山墙和后檐墙均采用"多层一丁"做法垒砌砖块，墙体整体刷红漆。后檐封护檐墙［图3-26（a）］。东西两侧山墙有白灰塑山花［图3-26（b）］，在山墙两侧门洞［图3-26（c）、(d)］以及墀头［图3-26（e）~（h）］部分均有精美的砖雕花饰，有"仰莲""覆莲"等，起到非常好的装饰作用。

(a) 后檐封护檐墙

(b) 山墙有白灰塑山花

(c) 西山墙门洞

(d) 东山墙门洞

(e) 墀头上精美的砖雕花饰(一)

(f) 墀头上精美的砖雕花饰(二)

(g) 墀头上精美的砖雕花饰(三)

(h) 墀头上精美的砖雕花饰(四)

图 3-26　大雄宝殿墙体

（4）木装修

大雄宝殿前檐明间、两次间设"四开六抹"隔扇门，"一码三箭"形制［图 3-20（a）、图 3-23（b）、图 3-24（c）］；两稍间设"四开四抹"隔扇窗，"一码三箭"形制［图 3-20（a）、图 3-24（c）］；后檐明间设双开板门［图 3-23（a）、图 3-24（d）］。

图 3-27　大雄宝殿木装修

前檐单步梁下随梁枋出挑，下设木雕仙桃斜撑，上设木雕垫板，支撑其上的挑檐枋；前檐檩下留一大空当，空当中则置一个与徽派建筑相似的梁枋构件，然后再放一个木枋，木枋下设雀替（图 3-20；图 3-27）。

3.2.3　毗卢殿建筑法式勘查结果

建筑整体坐北朝南，面阔五间，进深三间，单层，为一硬山式建筑。通面阔

15.83m，通进深8.41m，其中明间面阔为3.27m，两次间面阔为3.21m，两稍间面阔皆为3.07m；前檐柱与前金柱进深1.70m，前金柱与后金柱间进深4.92m，后廊进深1.79m（图3-28）。

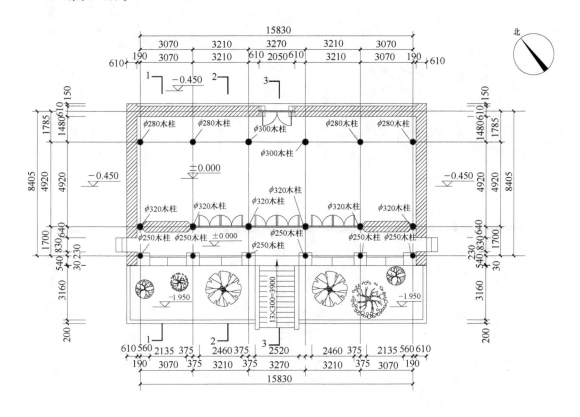

图3-28 毗卢殿平面布局测绘图（比例1∶100）

3.2.3.1 时代特征

（1）平面布局、柱网、柱形

① 柱子的排列方法 毗卢殿平面呈横长方形，室内柱子整体以行和列纵横进行排布，每行和每列的柱子几乎都整齐地排布在一条轴线上，排列十分整齐，与大多数河南地方建筑不同，此殿没有采用减柱造的做法（图3-28）。

② 柱的式样 毗卢殿中的立柱都为木立柱，前檐柱六根，前金柱六根，后金柱六根。柱子截面多为圆形，整体柱子柱根与柱头的直径也没有明显变化［图3-29（a）～（d）］；柱头为平齐状的柱头形式，柱头没有做卷杀或斜杀［图3-29（b）～（d）］。毗卢殿的金柱与檐柱不同高，金柱比檐柱高出许多，两根柱子之间靠单步梁及其穿插枋连接［图3-29（c）～（e）］。毗卢殿柱子的式样符合明清建筑特征。

③ 柱侧脚与生起 毗卢殿的檐柱高度一致，无生起现象［图3-29（a）］；另外，柱子均笔直向上，未见侧脚现象［图3-29（a）、（c）、（d）］。

④ 柱础　毗卢殿采用鼓形式柱础（图 3-30）。此殿单层鼓形的柱础形式符合明清时期河南地方手法的做法。

(a) 圆形木柱

(b) 柱头为平齐状

(c) 金柱与檐柱高度不同，单步梁连接（一）(d) 金柱与檐柱高度不同，单步梁连接（二）

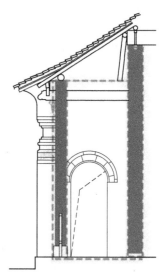
(e) 金柱与檐柱高度不同(示意图)

图 3-29　毗卢殿立柱的样式

(a) 鼓形式（一）

(b) 鼓形式（二）

图 3-30　毗卢殿柱础的形式

(2) 梁架

毗卢殿的梁架为抬梁式结构。梁表面加工得较细，刷了一层油漆［图3-31（a）～(c)］。和天王殿、大雄宝殿同样，毗卢殿梁架结构中都使用了叉手构件［图3-31（a）～(c)］，其叉手断面尺寸较小，并不作为主要的承重构件，已无《营造法式》中所规定的材分大小。丹霞寺寺内建筑所使用叉手构件已为一种地区手法。此殿的梁架中全部使用瓜柱，且瓜柱断面全为方形［图3-31（a）～(c)］。此殿梁架中，檩和随檩枋间加置了一层垫板，符合清代官式"檩-垫-枋"三构件连用特征［图3-31（a）、(c)、(d)］，唯一不同的是殿中檩条所用的随枋截面并非官式建筑中的长方形，而为圆形。从叉手、瓜柱的做法以及"檩-垫-枋"三构件连用来看，毗卢殿符合明清建筑特征。

(a) 叉手，瓜柱，"檩-垫-枋"三构件连用

(b) 叉手，瓜柱(一)

(c) 叉手，瓜柱(二)

(d) "檩-垫-枋"三构件连用

图 3-31 毗卢殿抬梁式梁架结构

(3) 门

① 板门 毗卢殿后檐木装修上门簪个数为四个［图3-32（a）］，且都为正八方形，与明清时期较常使用的门簪形制规律较为相同。大雄宝殿后双开实木板门上的门簪个数也为四个，也为正八方形［图3-23（a）］。

② 隔扇门 毗卢殿正立面门为"六抹隔扇"的样式，另外窗户的样式为"四抹槛窗"，"一码三箭式"直棂窗［图3-29（a）、(c)、(d)；图3-32（b）］。毗卢殿符合清代建筑特征。

(4) 结论

(a) 板门　　　　　　　　　　　　　(b) 六抹隔扇门

图 3-32　毗卢殿门窗的形式

综合毗卢殿柱的排列、柱的式样、柱侧脚与生起、柱础、梁架以及门窗的做法等，可进一步印证该殿为明清建筑。

3.2.3.2　结构特征

毗卢殿建筑结构为抬梁式的木结构骨架体系（图3-31；图3-33），木构架为主要的承重构件，墙体为围护结构，不起承重作用。在立柱间饰以木装修以分隔空间。屋面使用传统的板瓦作为主要的屋面构件，通过一定的屋面出檐来解决雨天排水问题［图3-29（a）、(c)、(d)、(e)］。

3.2.3.3　构造特征

(1) 木构架

毗卢殿梁架前檐柱六根，前金柱六根，后金柱六根（图3-28）。前檐柱与前金柱单步梁连接，下设穿插枋［图3-29（c）～（e）；图3-33（a）、(b)］。后檐柱与后檐墙单步梁连接，无穿插枋［图3-31（d）；图3-33（a）、(b)］；前金柱与后金柱以五架梁连接，上托下金檩，下设随梁，其上置两瓜柱，两瓜柱上置三架梁，上托上金檩，下置随梁，三架梁上置脊瓜柱，脊瓜柱上托脊檩，瓜柱两侧无角背。脊檩与上金檩间架脑椽，上金檩与下金檩间架花架椽，下金檩与檐檩间架檐椽，上出飞椽。檩条下皆再安置随檩枋，后檐随檩枋下还置木枋，上饰彩画，其间置有梁枕，雕刻精美，上饰彩画［图3-31（a）～（c）；图3-33（a）、(b)］。

(2) 屋面

毗卢殿屋面用灰色青瓦覆盖（图3-34）。屋脊包含1个正脊和4个垂脊［图3-34（a）］。正脊为花瓦脊和实瓦脊混合组成，脊上无小兽，两端有吻兽［图3-34（a）、(c)］。垂脊部分分兽前兽后两段，无小兽，兽后部分两面布满花纹砖雕［图3-34（b）、(c)］，体现出当时砖雕技艺的高超。

(3) 墙体

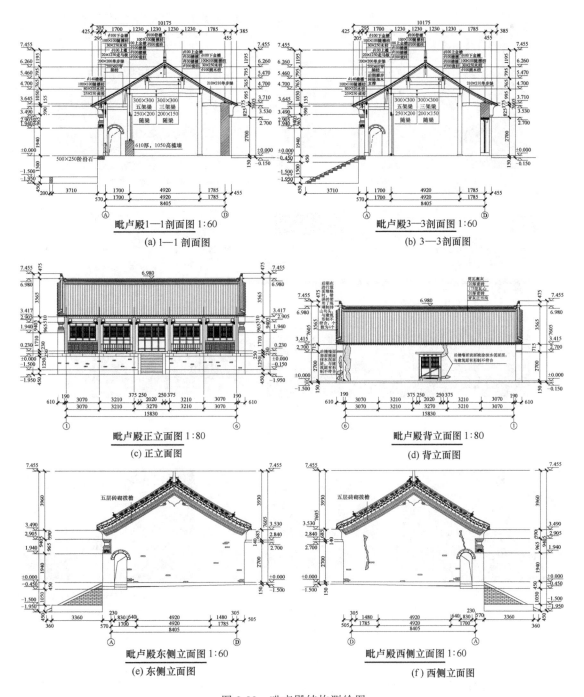

图 3-33 毗卢殿结构测绘图

毗卢殿东、西两侧山墙和后檐墙均采用"多层一丁"做法垒砌砖块，墙体整体刷红漆[图 3-34（b）；图 3-35］。在山墙两侧有两个门洞[图 3-35（b）]，墀头上有精美的砖雕花饰[图 3-35（c）]，有"仰莲""覆莲"等，起到非常好的装饰作用。

(a) 正脊为花瓦脊和实瓦脊混合组成，两端有吻兽

(b) 兽后部分两面布满花纹砖雕(一)

(c) 兽后部分两面布满花纹砖雕(二)

图 3-34 毗卢殿屋面

(a) 西山墙

(b) 东山墙门洞

(c) 墀头上有精美的砖雕花饰

图 3-35 毗卢殿墙体

（4）木装修

毗卢殿前檐明间、两次间设"四开六抹隔扇门"，"一码三箭"形制 [图 3-29（a）、(c)、(d)；图 3-32（b）；图 3-33（c）]；两稍间设"四开四抹隔扇窗"，"一码三箭"形制 [图 3-33（c）]；后檐明间居中，开设双开实木板门，下施木质下槛 [图 3-32（a）；图 3-33（d）]。

前檐单步梁下随梁枋出挑，下设木雕仙桃斜撑，上设木雕垫板，支撑其上的挑檐枋；前檐檩下留一大空当，和天王殿、大雄宝殿不同的是，空当中没有放置一个与徽派建筑相似的梁枋构件，直接放一个木枋，木枋下设雀替 [图 3-29（a）；图 3-36]。

图 3-36　毗卢殿木装修

3.2.4　玉佛殿建筑法式勘查结果

玉佛殿建筑整体坐北朝南，面阔五间，进深三间，单层，为一硬山式建筑。通面阔 17.21m，通进深 7.85m，其中明间面阔为 3.20m，两次间面阔为 3.38m，两稍间面阔皆为 3.65m；前檐柱与前金柱进深 1.52m，前金柱与后金柱间进深 4.84m，后廊进深 1.50m（图 3-37）。

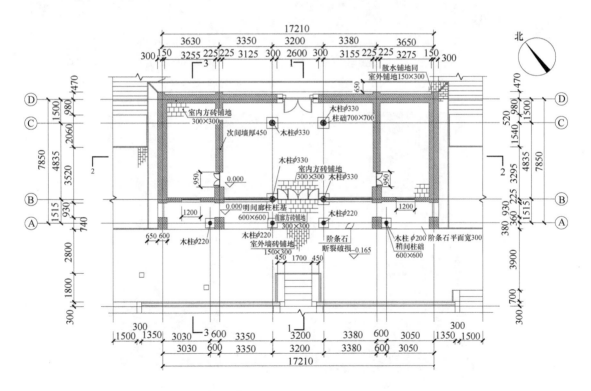

玉佛殿平面图 1:100

图 3-37　玉佛殿平面布局测绘图

3.2.4.1 时代特征

（1）平面布局、柱网、柱形

① 柱子的排列方法　玉佛殿平面布局为长方形，面阔五间形式，平面布局还是按照传统的柱网排列方式。和天王殿、大雄宝殿、毗卢殿不同的是，玉佛殿采用了"减柱造"，只有明间有金柱，另外也减了最左右两根檐柱，左前第二根檐柱、右前第二根檐柱分别多了一根砖柱来共同承重［图3-38（a）～（d）］。

"减柱造"是金代和元代一个重要的做法，到清代已取消此做法，但有些地方手法的建筑仍会继续采用"减柱造"的做法（杨焕成，2016）。丹霞寺在元朝末年，因遭兵乱，被焚殆尽，玉佛殿亦有可能保留了部分元代建筑。

② 柱的式样　玉佛殿中的木立柱，前檐柱四根，前金柱二根，后金柱二根，共8根。柱身多为圆形截面，整体柱子柱根与柱头的直径也没有明显变化［图3-38（a）、（b）］；柱头为平齐状的柱头形式，柱头没有做卷杀或斜杀［图3-38（d）～（g）］。玉佛殿的金柱与檐柱不同高，金柱比檐柱高出许多，两根柱子之间靠单步梁连接［图3-38（d）、（f）、（g）］。玉佛殿柱子的式样符合明清建筑特征。

(a) 圆形木柱(一)

(b) 圆形木柱(二)

(c) 圆形木柱(三)

(d) 柱头为平齐状(一)

(e) 柱头为平齐状(二)

(f) 柱头为平齐状，金柱与檐柱高度不同，靠单步梁连接(一)

(g) 柱头为平齐状，金柱与檐柱高度不同，靠单步梁连接(二)

图 3-38　玉佛殿平面布局、柱网、柱形

③ 柱侧脚与生起　玉佛殿的柱子高度一致，无生起现象［图 3-38（a）、(b)］；另外，柱子均是笔直向上，未见侧脚现象［图 3-38（a）~(c)］。

④ 柱础　玉佛殿中所有的柱础均采用鼓形式柱础［图 3-39（a）、(b)］。此殿单层鼓形的柱础形式符合明清时期河南地方手法的做法。

(a) 鼓形式(一)　　　　　　　　　　　　　(b) 鼓形式(二)

图 3-39　玉佛殿柱础的形式

（2）梁架

玉佛殿梁架为抬梁式结构，但和天王殿、大雄宝殿、毗卢殿不同的是，玉佛殿的明间金柱承载五架梁，五架梁上承载三架梁［图 3-40（a）］；而稍间由墙体承重［图 3-40（b）］。木梁架表面加工得较细，刷了一层油漆（图 3-40）。玉佛殿梁架结构中都使用了叉手构件［图 3-40（a）］，其叉手断面尺寸较小，并不作为主要的承重构件。该殿的梁架中全部使用瓜柱，且瓜柱断面全为方形，瓜柱下使用角背［图 3-40（a）］。玉佛殿梁架中，檩和随檩枋间加置了一层垫板，符合清代官式"檩-垫-枋"三构件连用特征（图 3-40），唯一不同的是殿中檩条所用的随枋截面并非官式建筑中的长方形，而为圆形，和天王殿、大雄宝殿、玉佛殿中的随檩枋的形状一样。从叉手、瓜柱的做法以及"檩-垫-枋"三件连用的特征来看，玉佛殿符合明清建筑特征。

(a) 明间五架梁上承载三架梁　　　(b) 稍间由墙体承重　　　(c) "檩-垫-枋"三构件

图 3-40　玉佛殿抬梁式梁架结构

（3）门

① 板门　玉佛殿次间门是单开木板门［图 3-41（a）］，背立面是双开木板门［图 3-41（b）］。

② 隔扇门 和天王殿、大雄宝殿、毗卢殿的隔扇门一样，玉佛殿正立面门为"六抹隔扇"的样式［图3-38（a）、(b)；图3-41（c）］，另外窗户的样式为"四抹槛窗"，"一码三箭式"直棂窗［图3-38（a）、(b)；图3-41（d）］，稍间开小窗，门窗样式为"一码三箭式"直棂窗［图3-38（c）；图3-41（e）、(f)］。玉佛殿门窗的特点符合清代建筑特征。

(a) 单开木板门

(b) 双开木板门

(c) 六抹隔扇门

(d) 四抹槛窗

(e) 一码三箭式直棂窗(一)

(f) 一码三箭式直棂窗(二)

图 3-41 玉佛殿门窗的形式

（4）结论

综合玉佛殿柱子的排列、柱的式样、柱侧脚与生起、柱础、梁架以及门窗的做法，进一步印证该殿为明清建筑。

3.2.4.2 结构特征

中国传统建筑在承重结构方式上素有"墙倒屋不塌"的特点，即整个屋顶的重量全部由木构架承担。到了明代，砖瓦技术发展起来并日益成熟，墙体承重逐渐成为另一种重要的承重方式。在清代，墙体发展成承重体系之一，建筑的承重结构类型主要以木构架与墙体混合承重体系和墙体承重体系为主。

玉佛殿为进深三间带前廊的七檩硬山建筑，明间金柱承五架梁，五架梁上承三架梁

［图 3-40（a）；图 3-42（a）］；稍间为七檩无梁架，墙体承重［图 3-40（b）；图 3-42（b）~（f）］。后檐墙代替后檐柱，东西山墙代替排山梁架，运用墙体-木构架共同承重的混合承重结构，即抬梁式的木构架及墙体共同承担屋面重量的混合结构体系，这是和天王殿、大雄宝殿、毗卢殿不同之处。在立柱间饰以木装修以分隔空间。屋面使用传统的板瓦作为主要的屋面构件，通过一定的屋面出檐来解决雨天排水问题［图 3-38（a）、（b）］。

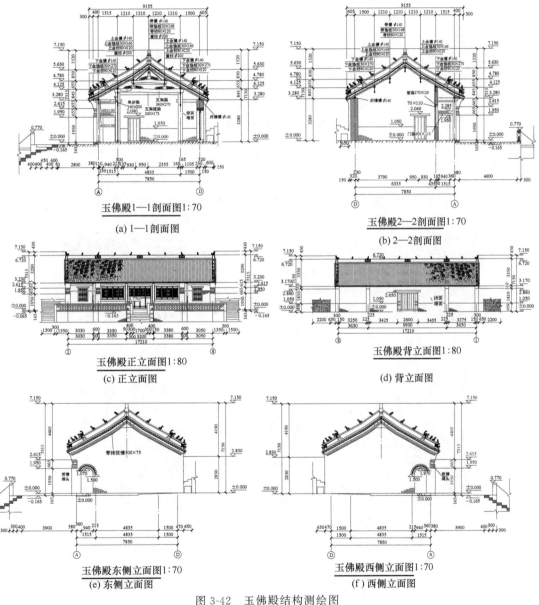

图 3-42　玉佛殿结构测绘图

3.2.4.3　构造特征

（1）木构架

玉佛殿梁架前檐柱四根，前金柱二根，后金柱二根（图 3-37）。前檐柱与前金柱单步梁连接，无穿插枋［图3-38（d）、（f）、（g）；图3-42（a）、（b）］。后金柱与后檐墙单步梁连接，无穿插枋［图3-42（a）、（b）］；前金柱与后金柱以五架梁连接，上托下金檩，下设随梁，其上置两瓜柱，连接其上的三架梁，三架梁上托上金檩，下置随梁，三架梁上置脊瓜柱，脊瓜柱上托脊檩，瓜柱两侧设角背，脊檩与上金檩间架脑椽，上金檩与下金檩间架花架椽，下金檩与檐檩间架檐椽，上出飞椽。檩条下皆再安置随檩枋，后檐随檩枋下还置木枋，上饰彩画，其间置有梁枕，雕刻精美，上饰彩画［图3-40（a）；图3-42（a）、（b）］。

（2）屋面

玉佛殿屋面用灰色青瓦覆盖（图3-43）。屋脊包含1个正脊和4个垂脊［图3-43（a）、（b）、（c）］。正脊为实瓦脊组成，实瓦脊上有精美的花卉雕刻，脊上有8个小兽，两端有吻兽［图3-43（a）、（c）］。垂脊部分分兽前兽后两段，兽前有4小兽［图3-43（d）］，兽后部分有3小兽［图3-43（a）］，两面布满花纹砖雕［图3-43（a）、（d）］，体现出当时砖雕技艺的高超。

(a) 灰色青瓦，两端有吻兽

(b) 灰色青瓦，正脊为实瓦脊，上有精美的花卉雕刻

(c) 灰色青瓦

(d) 垂脊两面布满花纹砖雕

图3-43 玉佛殿屋面

（3）墙体

玉佛殿东西两侧山墙均采用"多层一丁"做法垒砌砖块，墙体未刷红漆［图3-44（a）、（c）］。后檐墙是"封后檐"做法，为白灰抹墙［图3-44（b）］，山墙两侧的门洞［图3-44（c）］以及墀头［图3-44（d）］均无砖雕花饰。

（4）木装修

玉佛殿前檐明间设"四开六抹隔扇门"，"一码三箭"形制［图3-38（a）、（b）；图3-41

(a) 东山墙，青砖砌筑

(b) 后檐墙为白灰抹墙，"封后檐"做法

(c) 东西山墙两侧门洞

(d) 墀头部分均无砖雕花饰

图 3-44 玉佛殿墙体

(c)；图 3-42（c）；两次间设"四开四抹隔扇窗"，"一码三箭"形制［图 3-38（a）、(b)；图 3-41（d）；图 3-42（c）］；两稍间设"一码三箭隔扇窗"［图 3-41（e）、(f)；图 3-42（c）］；后檐明间居中，开设双开实木板门，下施木质下槛［图 3-41（b）；图 3-42（d）］。

前檐单步梁出挑，和天王殿、大雄宝殿、毗卢殿不同的是，玉佛殿前檐檩和枋上没有留一大空当，而是在檐檩下直接置垫，垫下有枋，檐柱之间木枋下没有设雀替［图 3-38（e）、(f)、(g)］。

3.2.5 天然祖堂建筑法式勘查结果

建筑整体坐北朝南，前厅面阔三间，进深一间，单檐卷棚硬山式建筑；后殿面阔三间，进深一间，单檐硬山式建筑；耳房面阔一间，进深一间，单檐硬山式建筑。通面阔 13.40m，通进深 9.93m，其中前厅、后殿明间面阔 3.20m，两次间面阔皆为 3.20m；耳房面阔 3.80m，耳房进深 4.50m；前厅前檐柱与后檐柱间进深 3.00m；后殿前檐柱与后檐柱间进深 5.03m；前厅与后殿间设排水沟，进深 1.90m（图 3-45）。

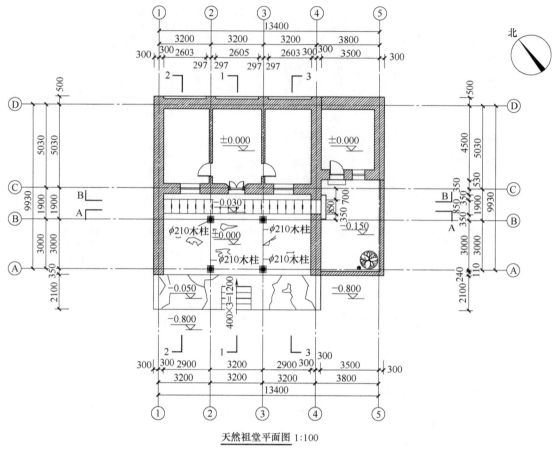

图 3-45 天然祖堂平面布局测绘图（比例 1∶100）

3.2.5.1 时代特征

（1）平面布局、柱网、柱形

① 柱子的排列方法　天然祖堂的前厅和后殿平面均呈横长方形，室内柱子整体以行和列纵横进行排布，每行和每列的柱子几乎都整齐地排布在一条轴线上，排列十分整齐，但和玉佛殿一样，前厅和后殿均采用"减柱造"的做法，前厅只有明间有四根木柱，东、西山墙没有木柱，由山墙和木构架一起承重；后殿无柱，完全由墙体承担木构架以及屋面的重量［图 3-45；图 3-46（a）、（b）］。丹霞寺在元朝末年，因遭兵乱，被焚殆尽。但天然祖堂和玉佛殿亦有可能保留了部分元代建筑。

② 柱的式样　天然祖堂中的立柱都为木立柱，前厅前柱两根，后柱两根。柱身为圆形截面，整体柱子柱根与柱头的直径也没有明显变化［图 3-46（a）、（b）］；柱头为平齐状的柱头形式，柱头没有做卷杀或斜杀［图 3-46（b）］。天然祖堂柱子的式样符合明清建筑特征。

③ 柱侧脚与生起　天然祖堂中的柱子高度一致，无生起现象［图 3-46（a）］；另外柱子均是笔直向上，未见侧脚现象［图 3-46（a）、（b）］。

④ 柱础　天然祖堂中所有的柱础均采用鼓形式柱础［图 3-46（a）；图 3-47］。此殿单

层鼓形的柱础形式符合明清时期河南地方手法的做法。

(a) 圆形木柱

(b) 柱头为平齐状

图 3-46 天然祖堂立柱的样式

(2) 梁架

天然祖堂梁架为抬梁式结构。前厅为四檩卷棚建筑，明间金柱承五架梁 [图 3-48 (a)]，而稍间由墙体承重 [图 3-48 (b)]。后殿为五檩硬山式建筑，明间墙体承五架梁 [图 3-48 (c)]，稍间为五檩无梁架，墙体承重 [图 3-48 (d)]。木梁架表面加工得较细，刷了一层油漆（图 3-48）。天然祖堂后殿梁架结构中使用了叉手构件 [图 3-48 (c)]，其叉手断面尺寸较小，并不作为主要的

图 3-47 天然祖堂鼓形式柱础

承重构件。前厅和后殿的梁架中全部使用瓜柱，且瓜柱断面全为方形，瓜柱下没有使用角背 [图 3-48 (a)、(c)]。

天王殿、大雄宝殿、毗卢殿以及玉佛殿均使用了"檩-垫-枋"三构件，但在天然祖堂的前厅和后殿梁架中，檩直接搭接在枋上，并一起搭在梁头，檩和随檩枋间没有加置垫板，前厅的枋为方形 [图 3-48 (a)、(b)]，而后殿的枋有圆形 [图 3-48 (c)、(d)]，也有方形 [图 3-48 (e)]。此做法和明、清代官式"檩-垫-枋"三构件不符合。

(a) 前厅明间金柱承五架梁

(b) 前厅稍间由墙体承重

图 3-48

(c) 后殿明间墙体承五架梁

(d) 后殿稍间为五檩无梁架,墙体承重

(e) 后殿的方形枋

图 3-48 天然祖堂抬梁式梁架结构

(3) 门

天然祖堂后殿木门为双开板门,附有十二颗金钉[图 3-49(a)]。板门两侧各一扇格子窗[图 3-49(b)]。耳房木门为单开板门[图 3-49(c)]。

(a) 后殿双开板门

(b) 后殿格子窗

(c) 耳房木门为单开板门

图 3-49 天然祖堂门窗的形式

(4) 结论

从天然祖堂柱的排列、柱的式样、柱侧脚与生起、柱础、梁架以及门窗的做法来看,该殿符合明清建筑特征。

3.2.5.2 结构特征

天然祖堂前厅为四檩卷棚建筑，明间金柱承五架梁［图 3-48（a）］，稍间为四檩无梁架，墙体承重［图 3-48（b）］，前厅为木结构-墙体共同承重体系［图 3-50（a）、(b)］。

后殿为五檩硬山式建筑，房屋无檐廊，无木柱支承梁架，前后檐墙直接承托明间五架梁［图 3-48（c）］；稍间为五檩无梁架，山墙直接承托檩条［图 3-48（d）］，四面墙壁不但承载屋顶，还承载木梁架。后殿为墙体承重体系（图 3-50）。这是和天王殿、大雄宝殿、毗卢殿以木构架为主要承重体系的不同之处。

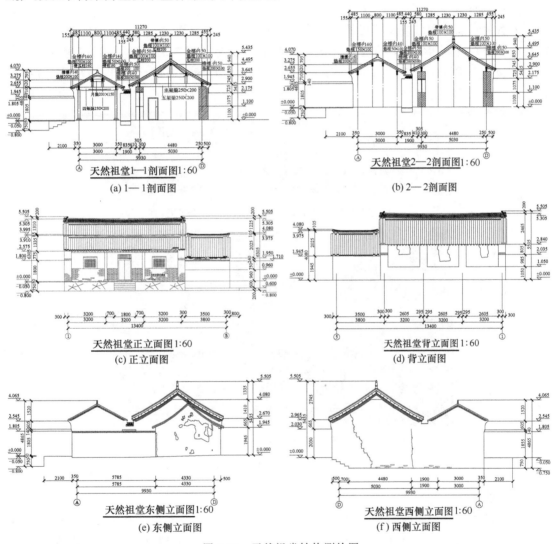

图 3-50　天然祖堂结构测绘图

3.2.5.3 构造特征

（1）木构架

天然祖堂前厅为四檩卷棚建筑，前厅前檐柱两根，后檐柱两根；前檐柱与后檐柱以四架梁连接，上托下金檩，没有设随梁，其上置两瓜柱，连接其上的二架梁；二架梁上托上金檩，没有置随梁；上金檩与下金檩间架花架椽，下金檩与檐檩间架檐椽。檩条下皆再安置随檩枋［图3-48（a）；图3-50（a）、（b）］。后殿为五檩硬山式建筑，房屋无檐廊，前后檐墙直接承托明间五架梁，上托下金檩，没有设随梁，其上置两瓜柱，连接其上的三架梁，三架梁上托上金檩，没有置随梁，三架梁上置脊瓜柱，脊瓜柱上托脊檩，瓜柱两侧没有设角背，脊檩与上金檩间架脑椽，上金檩与下金檩间架花架椽，下金檩与檐檩间架檐椽，上出飞椽。檩条下皆再安置随檩枋［图3-48（c）；图3-50（a）、（b）］；耳房顶棚后设楼板遮挡，未见梁架（侧墙现脊檩通风口）。

（2）屋面

天然祖堂前厅和后殿及耳房的屋面全用灰色青瓦覆盖（图3-51）。前厅屋脊包含1个正脊和4个垂脊，为实脊，脊上无小兽，两端做蝎子尾［图3-51（a）］。后殿屋脊包含1个正脊和4个垂脊［图3-51（b）］，正脊为花瓦脊和实脊混合而成，并且实脊面布满花卉砖雕，脊上无小兽，两端有吻兽，垂脊部不分兽前兽后两段，无小兽［图3-51（b）］。

(a) 前厅屋面全用灰色青瓦，脊上无小兽，两端做蝎子尾

(b) 后殿及耳房的屋面全用灰色青瓦

图3-51 天然祖堂屋面

（3）墙体

天然祖堂前厅和后殿的东、西两侧山墙均采用"多层一丁"做法垒砌砖块，墙体整体刷红漆［图3-52（a）］。后殿后檐墙和耳房的墙体均采用土坯墙体，后檐墙墙体做法为"一甏一卧"［图3-51（b）；图3-52（b）］。前厅及后殿之山墙之间有墙体相连，墙上铺瓦做屋脊美化［图3-52（c）］；耳房前院落由前厅东立面、耳房南立面及两面围墙围合而成，围墙上铺设两层青砖［图3-52（d）］。

（4）木装修

天然祖堂后殿木门为双开板门，附有十二颗金钉［图3-49（a）］。板门两侧各一扇格子窗［图 3-49（b）］。耳房木门为单开板门［图 3-49（c）］。

(a) 前厅西山墙

(b) 耳房东山墙，采用土坯墙体

(c) 前厅及后殿之山墙之间有墙体相连

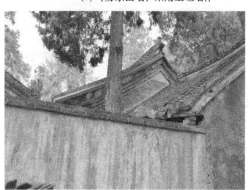

(d) 耳房前院落由前厅东立面、耳房南立面及两面围墙围合而成

图 3-52 天然祖堂墙体

3.3 本章小结

丹霞寺建筑群具有明确的中轴线，大殿居中，左右对称地布置着配殿和廊庑，整体呈现纵深的长方形格局，是典型的清代建筑总平面布局。丹霞寺整体的建筑风格受清代官式建筑的影响，且其单体建筑多为硬山式屋顶，整体风格与官式建筑看起来大同小异。与传统的清代官式硬山式建筑比较，相似的是建筑前后檐山墙墀头部分都有青砖叠涩，屋面正脊两侧也使用吻兽瓦件，垂脊也有垂兽并分为前后两部分。但在一些较为细节的地方体现出一些不同于传统官式建筑的做法，为独特的地方建筑做法。

本章通过对丹霞寺主轴线上天王殿、大雄宝殿、毗卢殿、玉佛殿以及天然祖堂五个大殿的时代特征、结构特征、构造特征的分析研究，得出结论：

① 柱子的排列、柱的式样、柱侧脚与生起、柱础、梁架以及门窗等的做法，进一步印证五大殿建筑均为明清建筑。

② 五大殿中天王殿、大雄宝殿、毗卢殿的建筑结构均为抬梁式的木结构骨架体系，以木构架为主要的承重构件，墙体为围护结构；而玉佛殿和天然祖堂前厅为木构架与墙体

混合承重体系；天然祖堂后殿房屋无檐廊，前后檐墙直接承托屋架大柁，山墙直接承托檩条，四面墙壁都承重，为墙体承重体系。

③ 五大殿的前檐柱与前金柱、前金柱与内柱常采用单步梁连接，有穿插枋或无；内柱与后金柱常设五架梁，其上置两瓜柱，连接其上的三架梁，其上置脊瓜柱，脊瓜柱上托脊檩；后檐柱与后金柱常采用单步梁或双步梁连接；屋面均采用灰色青瓦覆盖；墙体采用"多层一丁"垒砌砖块，后檐封护檐墙；木装修采用板门和隔扇门相结合的形式，"一码三箭"式"四开六抹"隔扇门及"一码三箭"式"四开四抹"隔扇窗。

第4章

丹霞寺古建筑残损情况的勘查

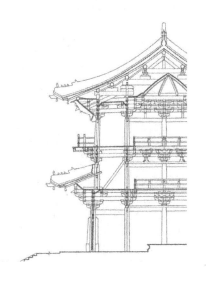

现状勘测是对建筑现状了解、认识的过程。通过勘查，了解古建筑当前问题所在，为保护、维修方案的制定提供依据，为工程概预算提供依据；同时，通过勘查，可以获得大量的历史、文化、艺术信息，充实古建筑的档案资料；另外，通过勘查，分析其历史价值、科学价值、艺术价值等，为其价值评估提供依据。

本章对丹霞寺古建筑所出现的残损进行勘查和分析，为后续修缮方案的制定提供基础数据和参考依据。

4.1 残损勘查的对象及残损点的界定

4.1.1 残损勘查的对象

丹霞寺主轴线上的天王殿、大雄宝殿、毗卢殿、玉佛殿、天然祖堂。

4.1.2 残损点的界定

残损点应为承重体系中某一构件、节点或部位，其已处于不能正常受力、不能正常使用或濒临破坏的状态，这是界定该构件需要进行修缮处理的标准。结构的可靠性鉴定应根据承重结构中出现的残损点数量、分布、恶化程度及对结构局部或整体可能造成的破坏和后果进行评估。本研究依据 GB 50165—92 和 GB/T 50165—2020，对丹霞寺古建筑中的天王殿、大雄宝殿、毗卢殿、玉佛殿、天然祖堂的残损点进行评定。

4.2 残损情况勘查的结果与分析

4.2.1 天王殿残损情况的勘查

天王殿残损情况见附录1和附录2。

(1) 木构架（木构架整体性、木梁枋、木柱）

木构架整体性完好，没有倾斜，构架间的连接没有出现松动，梁、柱间的连接良好，榫卯无腐朽和虫蛀，没有出现劈裂或断裂。东次间五架梁下置的随梁出现干缩裂缝，宽度为10mm，且五架梁上有鸟屎［图4-1（a）］。背立面檐柱（D1～D6）、金柱（C1～C6）上无地仗、油饰起皮、开裂脱落［图4-1（c）～（i）］，油饰的脱落和紫外光有直接的关系。其中，明间背立面左檐柱（D4）根部出现腐朽，深度约为15mm，高度约为190mm［图4-1（g）］；西稍间背立面左檐柱（D2）根部出现腐朽，深度约为20mm，高度约为220mm［图4-1（e）］。这些腐朽和雨水的溅蚀、环境中水分有直接的联系，腐朽菌在适宜的湿度环境条件下会快速地在木构件内滋生，从而对其材质带来不同程度的降低。

(2) 屋面

屋面使用的是小青瓦，背立面东稍间屋面长草，滴水瓦缺失3个［图4-2（a）］；正立面瓦件脱落缺失13个，其中4个用水泥修补过，滴水瓦件破损3个［图4-2（b）］；正立面垂脊头部缺失2个［图4-2（c）］；正立面西稍间大连檐腐朽弯曲，飞椽部分腐朽，望板腐朽［图4-2（d）］。年久失修使得较多的瓦件缺失。雨水的长期溅蚀和渗漏也使得屋面上的木质构件最容易被腐朽菌所侵害。

(3) 墙体

墙体整体颜色为红色。西侧立面［图4-3（b）］、东侧立面［图4-3（c）］山墙局部墙体青砖出现泛碱酥化脱落现象。墙体青砖泛碱酥化与有无散水有直接的关系，雨水长时间在此堆积，导致排水困难，使墙体长时间处于受潮状态，最后导致墙体的泛碱酥化。东侧立面墙体出现长约3m、宽1~2mm的裂纹［图4-3（a）、（c）］，可能是地基沉降所导致的；正立面西稍间墀头部分坍塌［图4-3（d）］；另外，为了宣扬当时的佛教文化，正立面墙面上有后期人为添加的宣传字画［图4-3（e）］。

(4) 木装修

正立面明间木板门下槛腐朽、破损严重［图4-4（a）］；背立面明间门窗部分腐朽、破损，走马板变形，油饰起皮脱落［图4-4（b）］；背立面东稍间雀替缺失，东次间雀替残损［图4-4（c）］；背立面东稍间横披破损［图4-4（c）］；背立面明间格栅门绦环板弯曲起翘［图4-4（d）］。这些残损和自然环境有很大的关系，另外年久失修也是一个重要的原因。

(5) 地面

正立面阶条石之间用水泥衔接［图4-5（a）］，与原有形制不符；室内与廊道均为水泥铺地［图4-5（b）～（e）］，与原有形制不符；背立面东、西次间水泥踏步破损［图4-5（d）］；背立面为水泥铺的散水［图4-5（d）、（e）］。由于年久失修，建筑东立面和西立面均为灰土地面［图4-3（c）］，如果雨水长时间在此堆积，就会使墙体长时间处于受潮状态，从而导致墙体酥碱的发生［图4-3（b）、（c）］。水泥修补阶条石、用水泥铺地以及水泥做散水均是使用现代材料进行修缮，属于不当修缮。

 (a) 东次间五架梁下置的随梁干缩裂缝
 (b) 背立面整体椽头、檐枋部位彩画轻微脱落
 (c) 背立面檐柱无地仗、油饰起皮(一)
 (d) 背立面檐柱无地仗、油饰起皮(二)
 (e) 背立面檐柱(西稍间左檐柱)根部腐朽，无地仗、油饰起皮
 (f) 背立面檐柱无地仗、油饰起皮(三)
 (g) 背立面檐柱(明间左檐柱)根部腐朽，无地仗、油饰起皮
 (h) 背立面檐柱无地仗、油饰起皮(四)
 (i) 背立面檐柱无地仗、油饰起皮(五)

图 4-1 天王殿木构架（木构架整体性、木梁枋、木柱）残损图

 (a) 背立面东稍间屋面长草，滴水瓦缺失3个
 (b) 正立面瓦件脱落缺失

图 4-2

(c) 正立面垂脊头部缺失

(d) 正立面西稍间大连檐腐朽弯曲，飞椽和望板部分腐朽

图 4-2　天王殿屋面残损图

(a) 东侧立面墙体的裂缝

(b) 西侧立面墙体青砖泛碱酥化脱落

(c) 东侧立面墙体青砖泛碱酥化脱落

(d) 正立面西稍间墀头部分坍塌

(e) 正立面墙面上有后期添加的宣传字画

图 4-3　天王殿墙体残损图

(a) 正立面明间木板门下槛腐朽、破损严重

(b) 背立面明间门窗部分腐朽、破损，走马板变形，油饰起皮脱落

(c) 背立面东稍间雀替缺失，东次间雀替残损　　　(d) 背立面明间格栅门绦环板弯曲起翘

图 4-4　天王殿木装修残损图

(a) 正立面阶条石之间用水泥衔接　　　(b) 室内与廊道均为水泥铺地

(c) 室内水泥铺地　　　(d) 背立面东次间水泥踏步破损，水泥铺的散水　　　(e) 背立面西次间水泥踏步破损，水泥铺的散水

图 4-5　天王殿地面残损图

4.2.2　大雄宝殿残损情况的勘查

大雄宝殿残损情况见附录 1 和附录 2。

(1) 木构架（木构架整体性、木梁枋、木柱）

木构架整体性完好，没有倾斜，构架间的连接没有出现松动，梁、柱间的连接良好，榫卯无腐朽和虫蛀，没有出现劈裂或断裂。长时间没有进行清理，西次间 [图 4-6 (a)] 和西稍间 [图 4-6 (b)] 三架梁和五架梁、前廊檐 [图 4-6 (c)] 梁架存在鸟屎、灰尘等脏物；西次间五架梁 [图 4-6 (a)] 梁架有明显的干缩裂缝，宽度为 10mm 左右。正立面檐柱（A1～A6）和金柱（B1～B6）油饰起皮 [图 4-6 (d)～(g)]，其中，明间左檐柱（A3）根部有轻微腐朽 [图 4-6 (f)]；明间右檐柱（A4）上有钉子钉入现象 [图 4-6 (e)]，属于人为破坏；东稍间左檐柱（A5）柱根有墩接处理，历代维修出现开裂，该处

(a) 西次间五架梁存在脏物及干缩裂缝

(b) 西稍间五架梁存在鸟屎、灰尘等脏物

(c) 前廊檐梁架存在鸟屎、灰尘等脏物

(d) 正立面檐柱和金柱油饰起皮

(e) 明间右檐柱上有钉子钉入现象

(f) 明间左檐柱根部有轻微腐朽

(g) 东稍间左檐柱柱根有墩接处理

(h) 东山墙中间的柱身开裂严重

图 4-6 大雄宝殿木构架（木构架整体性、木梁枋、木柱）残损图

油饰已脱落［图 4-6（g）］；东稍间内山墙中间的柱身（C6）开裂严重，裂缝宽度在 20mm，高度约为 180mm［图 4-6（h）］。

(2) 屋面

屋面使用的是小青瓦，屋面保存良好［图 4-7（a）］；正立面明间前檐檐头滴水瓦件缺失 2 个［图 4-7（b）］；正立面东稍间前檐檐头滴水瓦件缺失 1 个［图 4-7（c）］；部分椽头和大连檐轻微开裂、腐朽［图 4-7（c）、(d)］。

(a) 小青瓦屋面保存较好

(b) 正立面明间前檐檐头滴水瓦件缺失

(c) 正立面东稍间前檐檐头滴水瓦件缺失

(d) 椽头和大连檐轻微开裂

图 4-7 大雄宝殿屋面残损图

(3) 墙体

墙体整体颜色为红色。东侧山墙［图 4-8（a）］、西侧山墙［图 4-8（b）］以及后檐墙［图 4-8（c）、(d)］有风化泛碱酥化，西侧山墙白塑山花小部分脱落［图 4-8（e）］。

(4) 木装修

正立面门窗保存基本完好，有轻微变形，门窗表面有脏物［图 4-7（b），图 4-9（a）］；匾额有轻微裂缝［图 4-9（b）］。

(5) 地面

室内、外地面铺砖基本完好［图 4-6（d），图 4-8（a），图 4-9（a）］。散水基本完好，但有部分杂草［图 4-8（c）、(d)］。

(a) 东侧立面墙体泛碱酥化脱落

(b) 西侧立面墙体泛碱酥化脱落

(c) 东后檐墙体泛碱酥化脱落

(d) 西后檐墙体泛碱酥化脱落

(e) 西侧山墙白塑山花小部分脱落

图 4-8 大雄宝殿墙体残损图

4.2.3 毗卢殿残损情况的勘查

毗卢殿残损情况见附录1和附录2。

(1) 木构架（木构架整体性、木梁枋、木柱）

木构架整体性完好，没有倾斜，构架间的连接没有出现松动，梁、柱间的连接良好，榫卯无腐朽和虫蛀，没有出现劈裂或断裂。西稍间左五架梁［图 4-10（a）］和西次间左五架梁［图 4-10（b）］有干缩裂缝，宽度约为 10mm；西稍间［图 4-10（c）］、西次间

(a) 正立面门窗有轻微变形，
门窗表面有脏物

(b) 匾额有轻微裂缝

图 4-9 大雄宝殿木装修残损图

［图 4-10（d）］以及东次间廊架［图 4-10（e）］梁架单步梁后期添加木支撑，与建筑廊间原有的单步梁形制不符，属于不当修缮；正立面西稍间右金柱（B2）根部被白蚁啃食，出现大面积破坏，高度约为 300mm，深度约为 25mm［图 4-10（f）］，影响到正常受力；正立面檐柱（A1）和金柱（B5～B6）柱身上有乱涂乱写现象［图 4-10（g）～（i）］，属于人为破坏。

（2）屋面

屋面使用的是小青瓦，屋面保存良好［图 4-11（a）］；正立面滴水瓦件保存较好［图 4-11（a）］；背立面东侧部分滴水瓦件脱落，飞椽以及望板有轻微腐朽［图 4-11（b）、(c)］；东侧立面后檐排山勾滴使用 4 个琉璃制勾头，与建筑形式不符［图 4-11（d）］。

（3）墙体

墙体整体颜色为红色。建筑后檐墙墙体开裂处使用水泥涂抹［图 4-11（b），图 4-12（a）、(b)］，与建筑原有青砖墙面形制不符；西侧立面墙山墙部分红砖泛碱酥化，墙体开裂处使用水泥涂抹［图 4-12（c）］，与建筑原有青砖墙面形制不符；建筑东侧立面山墙部分青砖泛碱酥化［图 4-11（d）；图 4-12（d）］。

（4）木装修

正立面门窗结构基本完好，但有严重的乱涂乱写现象［图 4-13（a）～（c）］；正立面门框上有脏物［图 4-13（d）］；正立面西次间门下槛大面积被白蚁啃蚀，破坏深度约 20mm［图 4-13（e）］；背立面明间双开格栅门现已经停止使用，使用木棍封堵，双开格栅门木下槛严重腐朽，腐朽厚度约为 8mm，现使用砖块添补［图 4-12（a）］。

（5）地面

室内外地面均为水泥地面［图 4-14（a）、(b)］，与原有形制不符；明间廊檐地面使

(a) 西稍间五架梁有干缩裂缝

(b) 西次间五架梁有干缩裂缝

(c) 西稍间梁架单步梁后期添加木支撑

(d) 西次间梁架单步梁后期添加木支撑

(e) 东次间廊架梁架单步梁添加木支撑

(f) 正立面西稍间右金柱根部被白蚁啃食

(g) 正立面檐柱柱身上有乱涂乱写现象

(h) 正立面金柱柱身上有乱涂乱写现象(一)

(i) 正立面金柱柱身上有乱涂乱写现象(二)

图 4-10　毗卢殿木构架（木构架整体性、木梁枋、木柱）残损图

用水泥涂抹修补，与建筑原有形制不符［图 4-14（c）］；建筑东、西侧立面散水铺装缺失，现为灰土地面且杂草丛生［图 4-14（d）］；建筑北侧散水铺装为方砖铺地，且大部分已缺失，破烂不堪［图 4-12（b）］；砖砌陡板青砖泛碱酥化［图 4-11（a）］。

(a) 小青瓦屋面，正立面滴水瓦件保存较好

(b) 背立面东侧部分滴水瓦件脱落

(c) 背立面东侧飞椽以及望板有轻微腐朽

(d) 东侧立面后檐排山勾滴使用琉璃制勾头

图 4-11　毗卢殿屋面残损图

(a) 建筑后檐墙墙体开裂处使用水泥涂抹(一)

(b) 建筑后檐墙墙体开裂处使用水泥涂抹(二)

(c) 西侧立面墙体开裂处使用水泥涂抹

(d) 东侧立面山墙部分青砖泛碱酥化

图 4-12　毗卢殿墙体残损图

(a) 正立面门窗有乱涂乱写现象(一)

(b) 正立面门窗有乱涂乱写现象(二)

(c) 正立面门窗有乱涂乱写现象(三)

(d) 正立面门框上有脏物

(e) 正立面西次间门下槛大面积被白蚁啃蚀

图 4-13　毗卢殿木装修残损图

(a) 室内外地面均为水泥地面(一)

(b) 室内外地面均为水泥地面(二)

(c) 明间廊檐地面使用水泥涂抹修补

(d) 东侧散水铺装缺失

图 4-14　毗卢殿地面残损图

4.2.4　玉佛殿残损情况的勘查

玉佛殿残损情况见附录1和附录2。

(1) 木构架（木构架整体性、木梁枋、木柱）

木构架整体性完好，没有倾斜，构架间的连接没有出现松动，梁、柱间的连接良好，榫卯无腐朽和虫蛀。明间左五架梁上鸟粪堆积［图 4-15（a）］；西稍间廊檐檐檩有明显劈裂［图 4-15（b）］，构成残损。正立面明间柱子（A4~A5）油饰开裂脱落［图 4-15（c）］；正立面西稍间右前檐柱（A2）柱头劈裂［图 4-15（d）］且柱身均有竖向干缩裂缝［图 4-15（d）~（g）］，柱身的裂缝长度为 750mm，宽度为 20mm，无油饰，裂缝宽度已影响到结构的安全，构成残损；正立面东稍间左前檐柱（A7）柱身有细微的竖向干缩裂缝，裂缝长度为 620mm，宽度为 5mm，无油饰［图 4-15（h）、（i）］，暂不影响结构的稳定性，但构成残损。

（2）屋面

屋面基本完好［图 4-15（c）；图 4-16（a）］；滴水瓦件保存较好［图 4-16（b）］。

（3）墙体

东侧立面山墙［图 4-17（a）、（b）］、西侧立面山墙［图 4-17（c）］、后稍间檐墙［图 4-17（d）］在 2009 年修缮时全部更新为小青砖墙，没有进行墙面颜色的整体统一。

(a) 明间左五架梁上鸟粪堆积

(b) 西稍间廊檐檐檩有明显劈裂，前檐柱柱身劈裂

(c) 正立面明间柱子油饰开裂脱落

(d) 正立面西稍间右前檐柱干缩裂缝严重(一)

(e) 正立面西稍间右前檐柱干缩裂缝严重(二)

(f) 正立面西稍间右前檐柱干缩裂缝严重(三)

(h) 正立面东稍间左前檐柱干缩裂缝

(g) 正立面西稍间右前檐柱干缩裂缝严重(四)

(i) 正立面东稍间左前檐柱
柱身有细微的竖向干缩裂缝

图 4-15　玉佛殿木构架（木构架整体性、木梁枋、木柱）残损图

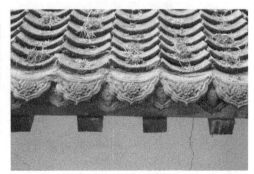

(a) 屋面基本完好　　　　　　　　　(b) 滴水瓦件保存较好

图 4-16　玉佛殿屋面残损图

(4) 木装修

门窗基本完好［图 4-15（c），图 4-18（b）～（e）］；檐枋上部分彩画褪色脱落［图 4-18（a）～（d）］；明间下槛腐朽、破坏严重，油漆脱落［图 4-18（e）］。

(5) 地面

室内、廊道地面铺装为 300mm×300mm 的方砖铺地，院里铺装为 150mm×300mm

条砖铺地，室内外铺装都保存完好［图 4-15（c），图 4-18（e）］；东次间的阶条石断裂［图 4-17（a）］；西稍间的阶条石用水泥粘接涂抹［图 4-15（d）］，破坏了原有建筑形制；四周散水用条砖铺地［图 4-15（c），图 4-17（a）］。

(a) 东侧立面山墙更新为小青砖墙(一)

(b) 东侧立面山墙更新为小青砖墙(二)

(c) 西侧立面山墙更新为小青砖墙

(d) 后稍间檐墙更新为小青砖墙

图 4-17 玉佛殿墙体残损图

(a) 檐枋上部分彩画褪色脱落(一)

(b) 檐枋上部分彩画褪色脱落(二)

(c) 檐枋上部分彩画褪色脱落(三)

(d) 檐枋上部分彩画褪色脱落(四)

(e) 明间下槛腐朽、破坏严重，油漆脱落

图 4-18 玉佛殿木装修残损图

4.2.5 天然祖堂残损情况的勘查

4.2.5.1 天然祖堂——前厅（祖师殿）残损情况的勘查

天然祖堂——前厅（祖师殿）残损情况见附录1和附录2。

（1）木构架（木构架整体性、木梁枋、木柱）

木构架间的连接没有出现松动，梁、柱间的连接良好，榫卯无腐朽和虫蛀，没有出现劈裂或断裂；木构架整体没有出现倾斜。但承重性的木柱被白蚁严重蛀蚀，出现柱根中空的情况，对其安全造成了很大的隐患。明间左四梁架上面有大量的灰尘和鸟屎，且存在干缩裂缝，裂缝宽度为3～5mm［图4-19（a）］，后梁头部分缺失［图4-19（b）］，构成残损；明间右四梁架上面有大量的灰尘和鸟屎，且四梁架和童柱都存在干缩裂缝，裂缝宽度为3～5mm，另外，上面还有许多虫眼［图4-19（c）、（d）］，构成残损。四根木柱子（A2、A3、B2、B3）油饰开裂脱落，且柱根部虫蛀非常严重［图4-19（e）］；明间左后檐柱（B2）、右后檐柱（B3）根部被完全蛀空［图4-19（f）、（g）］；右前檐柱（A3）有维修过的痕迹［图4-19（h）］；由于后面两根檐柱（B2、B3）受损，所以左前檐柱（A2）出现明显向外弯曲现象［图4-19（i）］，存在非常大的安全隐患，构成严重残损。

(a) 明间左四梁架上有大量的灰尘和鸟屎，且存在干缩裂缝　　(b) 明间左四梁架后梁头部分缺失　　(c) 明间右四梁架上有大量的灰尘和鸟屎

(d) 明间右四梁架和童柱都存在干缩裂缝，上面还有许多虫眼　　(e) 四根柱子油饰开裂脱落，且柱根部虫蛀非常严重

图 4-19

(f) 明间左后檐柱根部被完全蛀空

(g) 明间右后檐柱根部被完全蛀空

(h) 右前檐柱有维修过的痕迹

(i) 左前檐柱明显出现向外弯曲现象

图 4-19 天然祖堂——前厅木构架（木构架整体性、木梁枋、木柱）残损图

（2）屋面

前坡屋面已出现下沉现象，前檐口部分大量泥背已经脱落 [图 4-19（e）]；正立面东侧次间滴水瓦件脱落 15 个 [图 4-20（a）]，正立面明间滴水瓦件局部脱落缺失 7 个 [图 4-20（b）]；正立面东次间和明间的大连檐以及檐头严重腐朽，大连檐东端部已经完全脱离原有位置，起翘弯曲，存在漏雨现象 [图 4-19（e）；图 4-20（a）、（b）]；背立面东次间滴水瓦件脱落 17 个，明间滴水瓦件脱落 20 个，西次间滴水瓦件脱落 18 个 [图 4-20（c）、（d）]。

（3）墙体

东、西两侧立面山墙整体保存良好 [图 4-21（a）、（b）]；东、西两侧立面山墙室内墙面抹白局部脱落 [图 4-19（i）；图 4-20（a）]。

(a) 正立面东侧次间滴水瓦件脱落，大连檐以及檐头严重糟朽

(b) 正立面明间滴水瓦件局部脱落缺失，大连檐以及檐头严重糟朽

(c) 背立面滴水瓦件脱落严重(一)

(d) 背立面滴水瓦件脱落严重(二)

图 4-20　天然祖堂——前厅屋面残损图

(a) 西侧立面墙体保存良好

(b) 东侧立面墙体保存良好

图 4-21　天然祖堂——前厅墙体残损图

（4）地面

月台表面为水泥面层，出现大面积开裂［图 4-22（a）］；前厅地面均为水泥地面，磨损严重［图 4-19（i），图 4-22（b）］；东、西侧立面两山墙处无散水，且杂草丛生［图 4-22（c）］。

(a) 月台表面为水泥面层，出现大面积开裂　　　　(b) 前厅地面均为水泥地面，磨损严重

(c) 西侧山墙处无散水，且杂草丛生

图 4-22　天然祖堂——前厅地面残损图

4.2.5.2　天然祖堂——后殿残损情况的勘查

天然祖堂——后殿残损情况见附录 1 和附录 2。

(1) 木构架（木构架整体性、木梁枋、木柱）

木构架整体性完好，没有倾斜，构架间的连接没有出现松动，梁、柱间的连接良好，榫卯无腐朽和虫蛀，没有出现劈裂或断裂。明间左五架梁有干缩裂缝，宽度为 10mm，梁架落有大量灰尘（图 4-23）。

(2) 屋面

前后屋面瓦片基本完好［图 4-24（a）］；东次间前檐滴水瓦件缺失 15 个［图 4-24（b）］；明间前檐滴水瓦件缺失 7 个［图 4-24（c）、(d)］；背立面屋面现滴水瓦件全部缺失［图 4-24（a）］；前檐部分大连檐腐朽弯曲，飞椽部分腐朽［图 4-24（b）～(e)］。

(3) 墙体

西侧立面山墙是砖墙，有裂缝，裂缝宽度为 5～7mm［图 4-25（a）、(b)］；后檐墙墙体是土坯墙，部分土坯砖缺失残损，面层大面积脱落［图 4-24（a）］；东次间内部后檐山墙开裂 3～4mm［图 4-25（c）］。

(4) 木装修

明间木板门底部腐朽严重，油漆起皮脱落，门槛缺失［图 4-26（a）］；门框下部腐朽严重，连槛丢失［图 4-26（b）］；窗户棂条受虫蛀蚀，窗框部分开裂、漆皮脱落［图 4-26（c）］。

图 4-23 天然祖堂——后殿木构架（木构架整体性、木梁枋、木柱）残损图

(a) 屋面瓦片基本完好，背立面屋面滴水瓦件全部缺失

(b) 东次间前檐滴水瓦件缺失

(c) 明间前檐滴水瓦件缺失(一)

(d) 明间前檐滴水瓦件缺失(二)

(e) 西次间前檐滴水瓦件缺失

图 4-24 天然祖堂——后殿屋面残损图

（5）地面

地面为水泥地面并且局部残损（图 4-27）；西侧立面以及背立面无散水，杂草丛生，排水不畅 [图 4-24（a），图 4-25（a）]。

(a) 西侧立面墙体的裂缝(一)　　　　　(b) 西侧立面墙体的裂缝(二)

(c) 东次间内部后檐山墙开裂3～4mm

图 4-25　天然祖堂——后殿墙体残损图

(a) 明间木板门底部腐朽，油漆起皮脱落，门槛缺失　　(b) 门框下部腐朽严重，连楹丢失

(c) 西次间窗户棂条受虫蛀蚀，窗框部分开裂、漆皮脱落

图 4-26　天然祖堂——后殿木装修残损图

图 4-27 天然祖堂——后殿地面残损图
地面为水泥地面并且局部残损

4.2.5.3 天然祖堂——耳房残损情况的勘查

天然祖堂——耳房残损情况见附录 1 和附录 2。

(1) 木构架（木构架整体性、木梁枋、木柱）

木构架整体性完好，没有倾斜，构架间的连接没有出现松动，梁、柱间的连接良好，榫卯无腐朽和虫蛀，没有出现劈裂或断裂。梁架被后期拉的塑料布吊顶遮挡（图 4-28）。

(2) 屋面

屋面基本完好，正立面滴水瓦件缺失 11 个 [图 4-29（a）]；背立面滴水瓦件全部缺失 [图 4-29（b）]；正立面椽子中心受虫蛀，有孔洞 [图 4-29（a）]。

(3) 墙体

正立面墙体 [图 4-30（a）]、东侧立面墙体 [图 4-30（b）]、背立面墙体 [图 4-29（b）] 为土坯墙，部分土坯砖残损缺失，上面涂抹的面层大部分脱落；围墙受潮严重且有开裂 [图 4-30（c）]。

图 4-28 天然祖堂——耳房木构架（木构架整体性、木梁枋、木柱）残损图
梁架被后期拉的塑料布吊顶遮挡

(a) 正立面滴水瓦件缺失，椽子中心有孔洞

(b) 背立面滴水瓦件全部缺失

图 4-29 天然祖堂——耳房屋面残损图

(a) 正立面部分　　　　(b) 东侧立面部分土坯砖残损缺失
土坯砖残损缺失

(c) 围墙受潮严重且有开裂

图 4-30　天然祖堂——耳房墙体残损图

(4) 木装修

木板门门槛和抱框腐朽严重（图 4-31）。

(5) 地面

室内地面为水泥铺地（图 4-28），东侧立面 [图 4-30 (b)，图 4-32] 以及背立面 [图 4-29 (b)，图 4-32] 无散水，为灰土地面，排水不畅。

图 4-31　天然祖堂——耳房木装修残损图　　　图 4-32　天然祖堂——耳房地面残损图
木板门门槛和抱框严重腐朽　　　　　　　　　东侧立面以及背立面无散水，为灰土地面，排水不畅

4.3 残损的外部原因

通过对以上五个殿现状进行全面详细的勘查和分析,丹霞寺古建筑产生残损的外在原因可以简单地分为:不当修缮、人为破坏、年久失修、自然破坏等。

4.3.1 不当修缮

4.3.1.1 现代水泥材料的不正确使用

在丹霞寺这五个大殿中,天王殿[图 4-5 (b)~(e)],毗卢殿[图 4-14 (a)~(c)],天然祖堂前厅[图 4-19 (i)]、后殿(图 4-27)和耳房(图 4-28)的现室内、室外的地面铺装都已经是水泥地坪;另外,天王殿正立面阶条石之间[图 4-5 (a)]、毗卢殿明间廊檐地面[图 4-14 (c)]和背立面、西立面墙体开裂处[图 4-12 (a)~(c)]、玉佛殿西稍间的阶条石[图 4-17 (a)]等处使用水泥粘接涂抹,这些均与原有形制不符。水泥材料为现代材料,直接将其作为地面铺装材料,显然严重地破坏了文物建筑整体的建筑风貌。所以,应铲除现有的水泥地面铺装和修补,恢复建筑原状。

4.3.1.2 不正确地添加辅助木构件或添加形制不同的构件

在毗卢殿中,西稍间梁架[图 4-10 (c)]、西次间梁架[图 4-10 (d)]以及东次间廊架梁架[图 4-10 (e)]单步梁后期添加木支撑,与建筑廊间原有的梁架形制不符。这样的后期添加支撑对梁架的结构稳定性无疑是起到帮助作用的,但是却已经和原来的结构形式不相符,破坏了建筑的整体协调性,与"不改变文物原状"的原则相悖。

另外,毗卢殿中东侧立面后檐排山勾滴使用 4 个琉璃制勾头,与建筑形式也严重不符[图 4-11 (d)]。这些均属于不当修缮所带来的破坏。

在古建筑保护过程中,对建筑本体了解不够全面而对其进行保护修缮是错误的做法,虽然不会对建筑本体产生致命性的影响,但会破坏建筑形制或建筑风貌等。对于这些违背保护准则的行为,在不影响文物建筑安全性的前提下都要严格按照文物建筑本身的原状进行恢复。

4.3.2 人为破坏

人为涂写或宣传在古建筑上经常发生。毗卢殿正立面檐柱和金柱柱身上有乱涂乱写现象[图 4-10 (g)~(i)],正立面门窗也有乱涂乱写现象[图 4-13 (a)~(c)]。后人在木装修表面的涂写或在墙体上宣传严重地影响了建筑的立面效果。针对这些不正当做法,应在第一时间进行铲除处理,恢复原状,统一建筑立面的总体效果。

4.3.3 年久失修

散水是古建筑外墙四周带有向外倾斜坡面的铺装,它能有效地使雨水从屋面落下之后到达此处，然后向远离台基的方向流出，不使雨水回流至台基处进而对建筑的根基产生破坏，造成台基下沉。因此，散水的正确配备是古建筑防雨排水的一项重要措施。而在天王殿建筑东、西侧均为灰土地面［图4-3（b）、（c）］。毗卢殿建筑东、西侧散水铺装缺失，现为灰土地面且杂草丛生［图4-14（d）］；建筑北侧散水铺装为方砖铺地，且大部分已缺失，破烂不堪［图4-12（a）、（b）］。天然祖堂前厅东、西侧立面两山墙处［图4-22（c）］无散水，且杂草丛生；后殿西侧立面［图4-25（a）］以及背立面［图4-24（a）］无散水，杂草丛生，排水不畅；耳房东侧立面［图4-30（b）；图4-32］以及背立面［图4-29（b）；图4-32］无散水，为灰土地面，排水不畅。如有雨水由屋面下泄至此处，雨水反而会回流至山墙下碱基部，由于青砖的吸水性质，山墙下碱基部受潮极易造成墙体基部泛碱酥化，对墙体结构产生不可逆的损害。这几殿中能明显地观察到山墙根部大量的砖块泛碱酥化，这也刚好印证了散水铺装缺失所造成的危害。

在这几个殿中，天王殿的正立面［图4-2（b）］和背立面［图4-2（a）］，大雄宝殿正立面明间［图4-7（b）］、正立面东稍间［图4-7（c）］，毗卢殿背立面东侧［图4-11（b）、（c）］，天然祖堂的前厅正立面［图4-20（a）、（b）］、背立面［图4-20（c）、（d）］，后殿［图4-24（b）~（d）］还有耳房［图4-29（a）、（b）；图4-30（a）］的滴水瓦件均有不同程度的脱落缺失。天王殿正立面垂脊头部缺失2个［图4-2（c）］。滴水瓦件的脱落缺失，也使得雨水至屋面后渗透至木质构件，从而引起局部腐朽的发生。

另外，天王殿背立面东稍间雀替缺失，东次间雀替残损［图4-4（c）］；天然祖堂前厅明间左四架梁后梁头部分缺失［图4-19（b）］。这些均是年久失修的结果。

4.3.4 自然破坏

4.3.4.1 紫外光破坏

在丹霞寺建筑中，几乎所有的有油漆涂饰的柱子、木装修，以及屋檐仿彩画均有不同程度的起皮、脱落现象，这些主要是受到紫外光长期劣化的结果，给古建筑的外观保持带来了非常大的威胁。另外，这些油饰的脱落使得木质构件长期暴露在外面，太阳光中的紫外线与木材发生光化学反应引起降解，长时间的作用会导致木构件力学强度降低，严重的会威胁到古建筑整体的安全性。

4.3.4.2 雨水或环境中水分的影响

雨水或环境中的水分通常会带来木质构件的腐朽、虫蛀及干缩变形。天王殿明间左檐柱根部［图4-1（g）］、西稍间左檐柱根部出现腐朽［图4-1（e）］。大雄宝殿明间左檐柱根部有轻微腐朽［图4-6（f）］；毗卢殿正立面次间右金柱柱根被白蚁啃食，出现大面积破坏［图4-10（f）］，影响到了正常受力。天然祖堂前厅明间左后檐柱、右前檐柱根部被完全蛀空［图4-19（f）、（g）］，导致左前檐柱（A2）出现明显向外弯曲现象［图4-19（i）］，存在非常大的安全隐患。这些腐朽、虫蛀现象和环境中的水分有密切的联系，在水分适宜的条件下，腐朽菌和昆虫会在木材中快速滋生，从而威胁到木质构件的安全。

天王殿背立面东次间五架梁下置的随梁［图4-1（a）］，大雄宝殿西次间五架梁梁架

［图 4-6（a）］，毗卢殿西稍间五架梁［图 4-10（a）］、西次间五架梁［图 4-10（b）］，玉佛殿正立面西稍间右前檐柱柱身［图 4-15（d）～（g）］等有明显的竖向干缩裂缝。干缩裂缝是木材的属性所致。随着环境中湿度的变化，木材会产生吸湿而膨胀或解吸而干缩，小的干缩裂缝不会对安全造成威胁，但过大的裂缝就会给安全带来隐患，同时大的裂缝也会为腐朽菌和昆虫的生长提供宽广的生存空间，从而给木构件带来进一步的安全威胁。

4.4 本章小结

通过对丹霞寺单体建筑木构架（木构架整体性、木柱、木梁枋）、屋面、墙体、木装修以及地面等残损的全面勘查，得出结论：

① 天王殿梁架结构基本完好，五架梁下置的随梁有明显的干缩裂缝；部分檐柱根部出现不同程度的腐朽；滴水瓦件脱落缺失严重；室内与廊道均为水泥铺地；散水为水泥铺装，或没有散水铺装，灰土裸露。天王殿按结构可靠性为Ⅱ类建筑，为经常性的保养工程。

② 大雄宝殿梁架结构基本完好，五架梁有干缩裂缝；檐柱根部有轻微腐朽；滴水瓦件部分缺失。大雄宝殿按结构可靠性为Ⅱ类建筑，为经常性的保养工程。

③ 毗卢殿梁架结构基本完好，五架梁有干缩裂缝；金柱柱根、门下槛大面积被白蚁啃食，影响到正常受力；滴水瓦件部分脱落；后檐排山勾滴使用 4 个琉璃制勾头；室内外地面均为水泥地面，建筑东、西侧散水为灰土地面且杂草丛生。毗卢殿按结构可靠性为Ⅱ类建筑，为经常性的保养工程。

④ 玉佛殿梁架结构基本完好，檐柱柱身以及柱头有竖向干缩裂缝，裂缝宽度已影响到结构的安全。玉佛殿按结构可靠性为Ⅱ类建筑，为经常性的保养工程。

⑤ 天然祖堂前厅四架梁、童柱存在干缩裂缝以及虫眼；左后檐柱、右后檐柱根部完全被蛀空，导致左前檐柱出现明显向外弯曲现象，随时有坍塌的危险；前坡屋面已出现明显的下沉现象；滴水瓦件局部脱落缺失严重，大连檐以及檐头腐朽严重；地面为水泥铺地。天然祖堂前厅为Ⅳ类建筑，为抢救性维修工程。后殿滴水瓦件缺失严重，前檐部分大连檐腐朽弯曲，飞椽部分腐朽；后檐墙土坯砖缺失严重；地面为水泥铺地。后殿为Ⅲ类建筑，为重点维修工程。耳房滴水瓦件缺失严重，前檐部分大连檐腐朽弯曲，飞椽部分腐朽；后檐墙土坯砖缺失严重；地面为水泥铺地。耳房为Ⅲ类建筑，为重点维修工程。

| 第5章 |

丹霞寺古建筑木构件的树种鉴定及病害内因分析

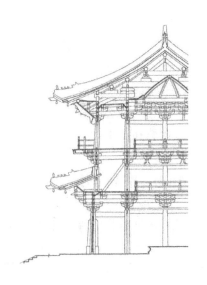

我国许多以木结构为主的古建筑经过了几百年的风风雨雨，至今尚能保存良好，与合理的选材是分不开的（陈允适，2007）。进行树种鉴定是古建筑和出土饱水木材研究的基础。将树种鉴定结果与年代、区域等背景信息相结合，可以为古建筑的用材特点等历史文化研究提供佐证（Mertz et al.，2014；Melo et al.，2015）；另外，完整的树种信息与古代环境气候学、社会学等相关学科交叉，还可以为古代气候变迁、古代植被分布状况等研究提供依据（Robinson et al.，2013；Cufar，2014；Melo et al.，2015）；树种的鉴定还可为木构件病害原因分析以及后续对其进行修缮设计时科学地选择相同或材质等级一致的木材以进行木构件的修补和替换等提供依据。

本章对丹霞寺部分病害木构件进行树种的鉴定并对产生病害的内在原因进行分析和研究，为南阳古建筑师们的选材原则、南阳古代森林资源分布的研究，以及后续的修缮设计的指导提供依据。

5.1 材料与方法

5.1.1 材料

试验对象均取自丹霞寺古建筑腐朽和虫蛀木构件，编号分别为No.1、No.2、No.3、No.4、No.5、No.6、No.7、No.8和No.9（表5-1）。由于木构件试样较小，所以没有办法进行木构件宏观构造的观察，只能从微观构造层面进行解剖构造的描述以对树种进行鉴定。

表5-1 材料的取样信息

编号	取样位置	对照材来源
No.1	天王殿西稍间背立面左檐柱柱根[图4-1(e)]	西南林业大学模式标本
No.2	天王殿明间背立面左檐柱柱根[图4-1(g)]	西南林业大学模式标本
No.3	毗卢殿西稍间正立面右金柱柱根[图4-10(f)]	西南林业大学模式标本

续表

编号	取样位置	对照材来源
No.4	毗卢殿西次间正立面门下槛[图 4-13(e)]	西南林业大学模式标本
No.5	天然祖堂前厅正立面左后柱[图 4-19(f)]	西南林业大学模式标本
No.6	天然祖堂前厅正立面右后柱[图 4-19(g)]	西南林业大学模式标本
No.7	天然祖堂后殿明间木板门底部[图 4-26(a)]	淅川县杨窝村活树
No.8	天然祖堂后殿门框下部[图 4-26(b)]	淅川县杨窝村活树
No.9	天然祖堂耳房木板门底部(图 4-31)	淅川县杨窝村活树

5.1.1.1 试样的处理

试样的处理步骤参考相关文献（Yang et al., 2020a；2020b），具体如下。

① 抽真空：为了排除木材内的空气，将所有的试样放入真空干燥器中进行抽真空处理，至试样沉水即可。

② 聚乙烯二醇（PEG）浸渍处理：所有试样分别放入 20%、40%、60%、80% 和 100% PEG（分子量 2000）的水溶液中进行浸渍加固处理。每个浓度下在 60℃ 的烘箱中处理不少于 48h，其中，100% PEG 处理两次。

③ 包埋处理：把试样要切的面放在不锈钢包埋模具的底部，在 60℃ 的烘箱中倒入 100% PEG 后快速把塑料包埋盒放在模具上面。

④ 冷冻处理：把包埋盒放在冷冻机上快速冷冻，10 min 左右即可。

5.1.1.2 试样切片

试样的处理步骤参考相关文献（Yang et al., 2020a；2020b），具体如下。

① 切片：将包埋好的试样放在徕卡切片机（型号：HistoCore AUTOCUT。厂商：Leica company）上进行切片，分别切横切面、径切面、弦切面，切面的厚度为 $10\sim15\mu m$。

② 烤片：将切下来的切片放在 60℃ 的烤片机上进行烤片处理，60min 左右，以排出内部的水分。

③ 脱水：切片分别浸入 50%、75%、95% 和 100% 乙醇水溶液中进行脱水处理，每个浓度下 10min。

④ 染色：切片浸入 3% 的番红 O 水溶液中进行染色处理，2h 以上。

⑤ 脱脂：切片浸入二甲苯溶液中进行脱脂处理，3~5min 左右。

⑥ 封片：用中性树脂将切片贴在载玻片上。

5.1.2 方法

将制作好的切片放在生物显微镜（型号：ECLIPSE Ni-U。厂商：Nikon company）下进行三切面的观察，根据《中国木材志》（成俊卿 等，1992）和 *the IAWA list of microscopic features for hardwood identification*（IAWA Committee，1989）进行特征的描述记载。

5.2 结果与讨论

5.2.1 木构件No.1、No.2、No.3的树种鉴定

图 5-1～图 5-3 为木构件 No.1、No.2 和 No.3 的微观构造图。从图 5-1～图 5-3 中可以看出：木构件 No.1、No.2 和 No.3 按微观的管孔分布为环孔材；管孔排列为溪流状径列（宽 2～3 个细胞）；管孔组合主要为单管孔，少数呈短径列复管孔（2 个）；早材导管在横切面上为圆形及卵圆形，晚材导管在横切面上为圆形；导管内侵填体未见或偶见；穿孔为单穿孔；管间纹孔式主要为互列；导管壁上无螺纹加厚。轴向薄壁组织量多，呈星散状及离管带状（宽 1～2 个细胞），具菱形晶体，分室含晶细胞可连续多至 15 个及以上。木纤维细胞壁厚度为厚至甚厚，类型为纤维状管胞，具明显的具缘纹孔。木射线非叠生，分窄木射线和宽木射线两类，窄木射线通常为单列，宽木射线最宽处至几十个细胞，高度可超出切片范围，射线组织为同形单列和同形多列；射线内未见特殊细胞，含有少量树胶。无轴向树胶道和横向树胶道。

通过对木构件 No.1、No.2 和 No.3 微观构造的观察（图 5-1～图 5-3）以及对位于南阳市区的淅川会馆红栎（Yang et al., 2020b）木材的研究和模式标本的对比（图 5-4），认为木构件 No.1、No.2 和 No.3 均属于壳斗科（*Fagaceae*）红栎（*Quercus rubra*）木材（成俊卿 等，1992；Yang et al., 2020b）。

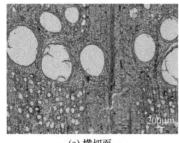 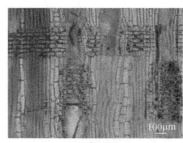 

(a) 横切面　　　　　　　　　(b) 径切面　　　　　　　　　(c) 弦切面

图 5-1　木构件 No.1 在光学显微镜下三切面微观构造图

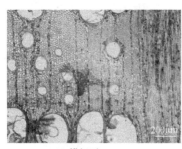  

(a) 横切面　　　　　　　　　(b) 径切面　　　　　　　　　(c) 弦切面

图 5-2　木构件 No.2 在光学显微镜下三切面微观构造图

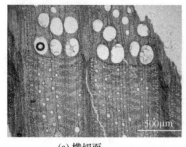 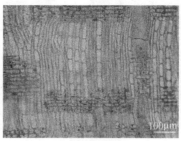 

(a) 横切面　　　　　　　　　(b) 径切面　　　　　　　　　(c) 弦切面

图 5-3　木构件 No.3 在光学显微镜下三切面微观构造图

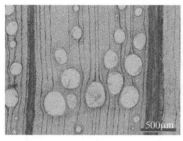 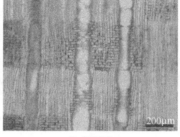 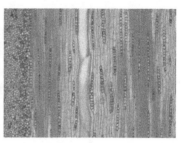

(a) 横切面　　　　　　　　　(b) 径切面　　　　　　　　　(c) 弦切面

图 5-4　红栎（*Quercus rubra*）模式标本在光学显微镜下三切面微观构造图

5.2.2　木构件 No.4 的树种鉴定

图 5-5 为木构件 No.4 的微观构造图，从图 5-5 中可以看出，木构件 No.4 按管孔分布为散孔材，管孔数量较多，在横切面上为圆形及卵圆形；管孔组合主要为短径列复管孔（2～5 个）和单管孔；管孔排列为径列；侵填体未见；螺纹加厚未见；穿孔为梯状复穿孔；管间纹孔式主要为局部对列。轴向薄壁组织量少，主要为轮界状、星散状，树胶及晶体未见。木纤维细胞壁厚度为薄。木射线非叠生，宽 1～3 个细胞，射线组织为同形单列及多列；射线内未见特殊细胞，树胶常见，晶体未见。无轴向树胶道和横向树胶道。

通过对木构件 No.4 微观构造的观察（图 5-5）和模式标本的对比（图 5-6），认为木构件 No.4 属于桦木科（*Betulaceae*）桦木（*Betula* sp.）木材。

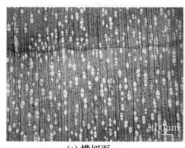 

(a) 横切面　　　　　　　　　(b) 径切面　　　　　　　　　(c) 弦切面

图 5-5　木构件 No.4 在光学显微镜下三切面微观构造图

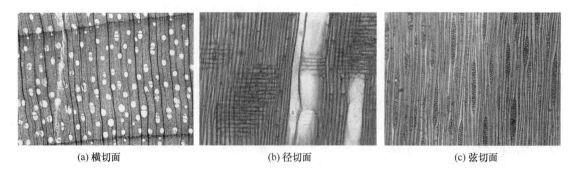

(a) 横切面　　　　　　　　(b) 径切面　　　　　　　　(c) 弦切面

图 5-6　桦木（*Betula* sp.）模式标本在光学显微镜下三切面微观构造图

5.2.3　木构件 No.5、No.6 的树种鉴定

图 5-7、图 5-8 为木构件 No.5、No.6 的微观构造图。从图 5-7、图 5-8 中可以看出：木构件 No.5、No.6 按管孔分布为散孔材，管孔数量较少，在横切面上为卵圆形及椭圆形；管孔组合主要为单管孔，少数短径列复管孔（2～4 个）；管孔排列为斜列；侵填体未见；螺纹加厚未见；穿孔为单穿孔；管间纹孔式主要为互列。轴向薄壁组织量少，主要为离管带状、星散-聚合状，通常含树胶，晶体未见。木纤维细胞壁厚度为薄至厚。木射线非叠生，通常为单列及两列，射线组织为同形单列及多列；射线内未见特殊细胞，树胶常见，晶体未见。无轴向树胶道和横向树胶道。

通过对木构件 No.5、No.6 微观构造的观察（图 5-7、图 5-8）和模式标本的对比（图 5-9），认为木构件 No.5、No.6 属于核桃科（*Juglandaceae*）枫杨（*Pterocarya* sp.）木材。

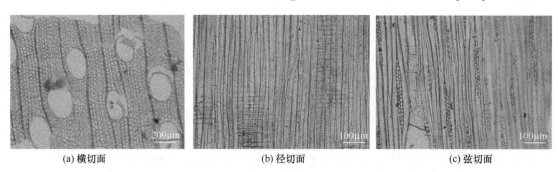

(a) 横切面　　　　　　　　(b) 径切面　　　　　　　　(c) 弦切面

图 5-7　木构件 No.5 在光学显微镜下三切面微观构造图

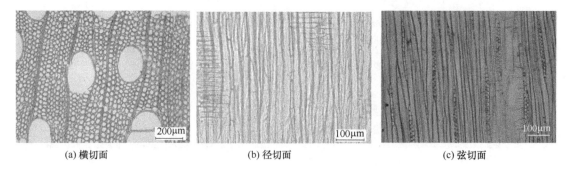

(a) 横切面　　　　　　　　(b) 径切面　　　　　　　　(c) 弦切面

图 5-8　木构件 No.6 在光学显微镜下三切面微观构造图

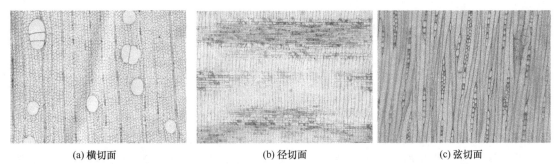

(a) 横切面　　　　　　　　　(b) 径切面　　　　　　　　　(c) 弦切面

图 5-9　枫杨（*Pterocarya* sp.）模式标本在光学显微镜下三切面微观构造图

5.2.4　木构件 No.7 的树种鉴定

图 5-10 为木构件 No.7 的微观构造图。从图 5-10 中可以看出：木构件 No.7 按管孔分布为散孔材，管孔在横切面上为卵圆形及椭圆形；管孔组合主要为单管孔，少数短径列复管孔（2～4个）；管孔排列为散生；侵填体未见；螺纹加厚未见；穿孔为单穿孔；管间纹孔式主要为互列。轴向薄壁组织量少，主要为轮界状、稀星散状，树胶及晶体未见。木纤维细胞壁厚度为薄，具明显的单纹孔。木射线非叠生，通常为单列，射线组织为异形单列；射线内未见特殊细胞，树胶常见，晶体未见。无轴向树胶道和横向树胶道。

通过对木构件 No.7 微观构造的观察（图 5-10）和模式标本的对比（图 5-11），认为木构件 No.7 属于杨柳科（Salicaceae）柳树（*Salix* sp.）木材（成俊卿 等，1992）。

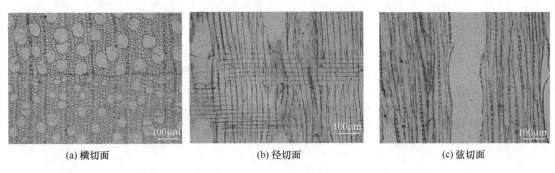

(a) 横切面　　　　　　　　　(b) 径切面　　　　　　　　　(c) 弦切面

图 5-10　木构件 No.7 在光学显微镜下三切面微观构造图

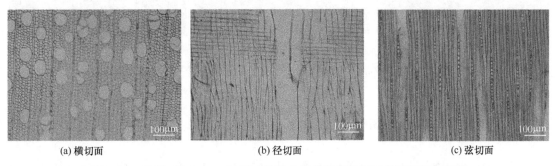

(a) 横切面　　　　　　　　　(b) 径切面　　　　　　　　　(c) 弦切面

图 5-11　柳树（*Salix* sp.）模式标本在光学显微镜下三切面微观构造图

5.2.5 木构件 No.8 的树种鉴定

图 5-12 为木构件 No.8 的微观构造图，从图 5-12 中可以看出，木构件 No.8 按管孔分布为环孔材，早材管孔宽 1~3 个细胞，在横切面上为圆形、卵圆形或椭圆形，含丰富的侵填体；晚材管孔在横切面上为不规则多角形，排列呈弦向带或波浪状，管孔组合主要为管孔团，少数呈短径列复管孔和单管孔；穿孔为单穿孔；管间纹孔式主要为互列；晚材小导管壁上具发达的螺纹加厚，局部叠生。轴向薄壁组织量多，主要为傍管型，与维管管胞相聚：①在早材带，与维管管胞一起，形成环管状，并连接于早材管胞之间；②在晚材带，位于管孔与维管管胞所形成波浪形弦向带边缘上及带内；③少数聚合-星散及星散状，分散于纤维组织区内，树胶及晶体未见。木纤维细胞壁厚度为厚，具胶质纤维，具明显的单纹孔。木射线非叠生，通常为多列，宽 2~6 个细胞，射线组织为同形单列和同形多列；射线内未见特殊细胞，含有少量树胶。无轴向树胶道和横向树胶道。

通过对木构件 No.8 微观构造的观察（图 5-12）和模式标本的对比（图 5-13），认为木构件 No.8 属于榆科（*Ulmaceae*）榆树（*Ulmus* sp.）木材（成俊卿 等，1992）。

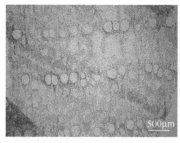
(a) 横切面

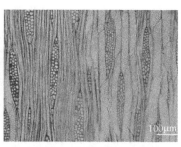
(b) 径切面

(c) 弦切面

图 5-12　木构件 No.8 在光学显微镜下三切面微观构造图

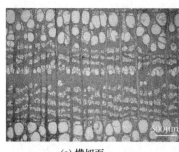
(a) 横切面

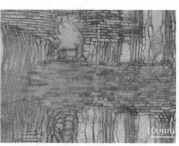
(b) 径切面

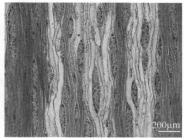
(c) 弦切面

图 5-13　榆树（*Ulmus* sp.）模式标本在光学显微镜下三切面微观构造图

5.2.6 木构件 No.9 的树种鉴定

图 5-14 为木构件 No.9 的微观构造图。从图 5-14 中可以看出：木构件 No.9 按管孔分布为散孔材或半环孔材，管孔数量较多，在横切面上为卵圆形或椭圆形；管孔组合主要为

短径列复管孔（2～4个）和单管孔；管孔排列为径列；侵填体未见；螺纹加厚未见；穿孔为单穿孔；管间纹孔式主要为互列。轴向薄壁组织量少，主要为轮界状、稀星散状，树胶及晶体常见。木纤维细胞壁厚度为薄，具胶质纤维，具明显的单纹孔。木射线非叠生，通常为单列，射线组织为同形单列；射线内未见特殊细胞，树胶常见，晶体未见。无轴向树胶道和横向树胶道。

通过对木构件 No.9 微观构造的观察（图 5-14）和模式标本的对比（图 5-15），认为木构件 No.9 属于杨柳科（Salicaceae）杨树（Populus sp.）木材（成俊卿 等，1992）。

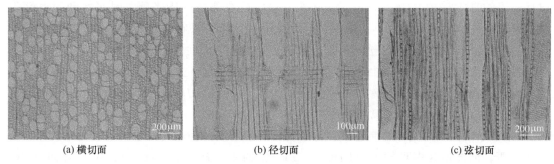

(a) 横切面　　　　　　　(b) 径切面　　　　　　　(c) 弦切面

图 5-14　木构件 No.9 在光学显微镜下三切面微观构造图

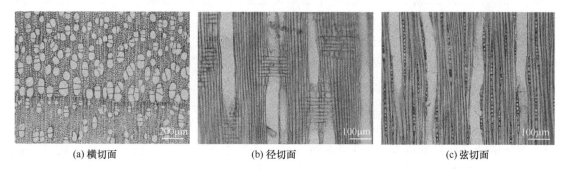

(a) 横切面　　　　　　　(b) 径切面　　　　　　　(c) 弦切面

图 5-15　杨树（Populus sp.）模式标本在光学显微镜下三切面微观构造图

5.3　木构件病害的内部原因

《营造法式》中记载，中国木结构古建筑中所常用的树种主要有杉木（Cunninghamia lanceolata）、黄松（Podocarpus imbricatus）、柏木（Cupressus spp.）、椴木（Tilia spp.）、槐（Styphnolobium japonicum）、黄檀（Dalbergia spp.）、栎木（Quercus spp.）、楠木（Phoebe zhennan）等，这些树种木材的强度高且耐腐蚀性强，所以被广泛地用在古建筑木构件上。

故宫用木材多是当时从特产楠木的四川、贵州、广西、湖南、福建等省的高山深谷中采伐出来；楠木不仅木质坚硬、干体通直、纹理细腻，更重要的是具有非常高的耐腐性（刘文斌，2006；成俊卿，1992）。故宫古建筑木构件树种配置模式研究课题组（2007）对故宫武英殿建筑群的木构件进行了系统的调查，发现该殿多使用针叶材，如硬木松、落叶松（Larix spp.）、软木松、冷杉（Abies spp.）、云杉（Picea spp.）、黄杉（Pseudotsuga spp.）、柏木、杉木、圆柏（Sabina spp.）、金钱松（Pseudolarix amabilis）等 10

种针叶材，此外还有少量的楠木、椴木、润楠（*Machilus* spp.）、喃喃果（*Cynometra* spp.）、印茄（*Intsia* spp.）等阔叶材。

埃及古王国时代三大金字塔中胡夫金字塔的侧面地下室中的香柏（*Juniperus pingii var. wilsonii*）木船保存基本较好，这自然也和它自身的性能息息相关。自古以来，香柏被认为是强度高、韧性好、耐久性强且具有光泽和芳香的价值很高的木材，用这种树木提取的精油浸泡棉布包裹死者，可使尸体能够长期保存（陈允适，2007；曹旗，2005）。

日本的平城宫遗址、太宰府遗址、御子谷遗址、藤原宫及周边遗址中使用最多的是耐腐性较强的日本扁柏（*Chamaecyparis obtusa*），还有部分材质坚硬、耐水性和耐腐性很强的日本金松（*Sciadopitys verticillata*）的使用。日本金松在日本仅有一属一种（曹旗，2005），也说明了当地古人在选材时遵循了"就地选材"的原则。

另外，中国新疆维吾尔自治区的尼雅遗址中的柱以及出土的木制品如棺木、木瓶、弓箭、木碗、木斧、木锁等，绝大多数使用的是胡杨（*Populus euphratica*），此外还有旱柳（*Salix matsudana*）、杨属的一些树种（*Populus* spp.）、沙枣（*Elaeagnus angustifolia*）（曹旗，2005），说明尼雅遗址中的建筑材料和木制品使用的几乎都是当地的树种。

山西、河北地区多见榆木（*Ulmus* spp.）、杨木（*Populus* spp.）、大叶青冈（*Cyclobalanopsis jenseniana*）等，长江中下游地区如浙江、安徽南部等多用杉木、松木、银杏（*Ginkgo biloba*）、樟木（*Cinnamomum* spp.）等（乔迅翔，2012；李鑫，2015）。民国时期的山西木结构建筑用材以落叶松属（*Larix*）、杨属（*Populus*）、栎属（*Quercus*）、榆属（*Ulmus*）等为主，还有部分的柏木属（*Cupressus*）、云杉属（*Picea*）及硬木松、苹果属（*Malus*）、槐属（*Styphnolobium*）、花楸属（*Sorbus*）、枣属（*Zizyphus*）等，山西古建筑用材仍以本地森林资源为主（董梦妤，2017）。

古建筑中大量使用针叶树材可以说明许多古代建筑师在营建过程中对木构件树种的选择有着一定的经验积累和判断，并对各种木材的材性已经有了较为全面、成熟的认识，能做到根据用途对木材进行合理利用。

从本章鉴定的结果可以看出，丹霞寺主轴殿中大量使用红栎、桦木、枫杨、柳木、榆木、杨木等木材。这些树种均为南阳本土树种。其中，红栎有很多优良的性能，如纹理直、基本密度（约 $0.70g/cm^3$）高、硬度高、强度以及冲击韧性均高，但是相对白栎木材而言，红栎的收缩性大、耐腐朽和抗虫蛀能力低（成俊卿 等，1992）。红栎木构件容易遭受到腐朽菌侵害的一个重要的原因为导管中没有侵填体的保护。白栎木材导管中含有丰富的侵填体成分，所以它具有非常优良的耐腐朽、抗白蚁以及抗水性能（Yang et al.，2020b；成俊卿 等，1992），也因此被广泛地用于红酒桶、建筑、家具等方面。相比白栎，红栎就不能应用在这些方面。红栎除了容易遭受到腐朽菌的侵害，还特别容易受到昆虫的侵害，如家天牛（*Stromatium longicorne*）（天牛科 Cerambycidae）和鳞毛粉蠹（*Minthea rugicollis*）（粉蠹科 Lyctidae）等（成俊卿 等，1992）。可是，白栎和红栎木材除了侵填体不同外，其他解剖构造均相同。因此，南阳古建筑师在为淅川会馆（Yang et al.，2020b）选择木材时以及为丹霞寺选择木材时没有办法进行正确的区分，把红栎当成白栎木材来使用，所以这些木构件在使用一定年限后出现了严重的腐朽残损。

桦树采伐后易腐朽，湿心材即心腐常见。虽然桦木有很多优良的性能，如纹理直、结构甚细至细、均匀、重量中等、硬度中等或硬、冲击韧性高，但干缩大、干燥快易翘曲、不耐腐朽、抗蚁性弱（成俊卿 等，1992）。桦木木材适合应用在高强度的胶合板、家具、门窗等方面，但不适合用在建筑上。

枫杨纹理常交错、结构细、略均匀、软而轻、干缩小、强度低、冲击韧性低、干燥时容易翘曲、不耐久（成俊卿 等，1992）。枫杨木材适合应用在家具、小船、茶叶箱或其他包装箱等方面，但不适合用在建筑上。

柳树生长较快，有高的吸水性，柳树活立木本身就不耐腐朽和虫蛀，所以柳树树干中空情况特别常见（图 5-16）。柳木有很多优良的性能，如纹理直、结构细腻均匀、干缩性低，但也具有基本密度（0.40g/cm^3）低、强度低、耐腐能力低、抗虫蚁能力低等性质（成俊卿 等，1992）。这也是丹霞寺柳木木构件在使用一定年限后被白蚁严重蛀蚀的一个重要原因。

榆木有很多优良的性能，如纹理直、结构较为均匀、干缩性中等、有美丽的花纹，但也具有基本密度（0.45g/cm^3）低、强度低、易于开裂、耐腐能力低、抗虫蚁能力低等性质（成俊卿 等，1992）。这也是丹霞寺榆木木构件在使用一定年限后被白蚁严重蛀蚀的一个重要原因。但榆木具有美丽的花纹，所以适合应用在家具或家具贴面等装饰方面。

杨树生长较快，生材含水率颇高，湿心材现象特别明显，杨树活立木自身不耐腐朽和虫蛀（图 5-17），特别是在春天，总能听到啄木鸟在杨树上啄虫"梆梆梆梆"的声音，这是啄木鸟在啄杨树中生存着的昆虫。杨木有很多优良的性能，如纹理直、结构细腻均匀、干缩性低，但也具有基本密度（0.35g/cm^3）低、强度低、耐腐能力低、抗虫蚁能力低等性质。这也是丹霞寺杨木木构件在使用一定年限后被白蚁严重蛀蚀的一个重要原因。杨属树种的应拉木普遍存在，干燥时容易产生翘曲，锯解时有夹锯现象（成俊卿 等，1992）。杨木木材适合应用在纸浆、纤维板、刨花板、包装盒、牙签等方面，但不适合用在建筑上。

图 5-16　柳树活立木

图 5-17　杨树活立木

相同的环境条件下，不同的树种自身所呈现的抵抗腐朽菌和昆虫侵害的能力不同。丹霞寺中所用到的红栎、柳木、榆木、杨木、桦木、枫杨均为易腐朽和易虫蛀的树种，且均为南阳本土树种，考虑到古建筑师一般遵循"就地选材"的原则，所以这些本土树种被古建筑师们大量地应用在丹霞寺古建筑上。除了它们自身比较容易遭受到腐朽菌、昆虫的侵害外，一个重要的原因可能是这些木构件在使用前没有进行防腐、防虫等相关处理，导致了它们在使用多年后的腐朽或虫蛀非常严重的劣化现象。

综合分析可以得出，这些树种的木材本身是不适合用在古建筑木构件上，更不适合用作主要的承重构件。如果选择使用这些树种的木材，使用前应进行严格且彻底的防腐和防虫处理，以避免日后被腐朽菌或被昆虫侵害现象的发生。

5.4　本章小结

本章采用生物显微镜观察的方法对试样 No.1~No.9 的微观构造进行了全面的观察和鉴定，并对其腐朽和虫蛀的内在原因进行了分析，得出结论：

① 木构件 No.1、No.2、No.3 属于壳斗科（*Fagaceae*）红栎（*Quercus* spp.）木材；木构件 No.4 属于桦木科（*Betulaceae*）桦树（*Betula* sp.）木材；木构件 No.5、No.6 属于核桃科（*Juglandaceae*）枫杨（*Pterocarya* sp.）木材；木构件 No.7 属于杨柳科（*Salicaceae*）柳树（*Salix* sp.）木材；木构件 No.8 属于榆科（*Ulmaceae*）榆树（*Ulmus* sp.）木材；木构件 No.9 属于杨柳科（*Salicaceae*）杨树（*Populus* sp.）木材。

② 通过对丹霞寺木构件森林资源分布的调查，发现这些树种在南阳区域广泛分布，为南阳本土树种。考虑到古建筑师一般遵循"就地选材"的原则，所以这些本土树种被古建筑师们大量地应用在丹霞寺古建筑上。这几种木材自身耐腐朽和耐虫蛀的能力较低，特别容易遭受到腐朽菌、昆虫的侵害。这也是在相同环境条件下，它们表现出耐劣化能力低的一个重要的原因。另一个重要的原因可能是这些木构件在使用前没有进行防腐、防虫等相关处理，导致了它们在使用多年后的腐朽或虫蛀非常严重的劣化现象。

| 第6章 |

丹霞寺古建筑木构件细胞壁劣化程度的研究

木构件材质的劣化程度与木构架文物建筑的寿命息息相关。材质的劣化必然带来木构件细胞壁解剖构造的变化（高景然，2015；崔新婕 等，2016；葛晓雯 等，2016；Bhatt et al.，2016；Bari et al.，2019；Diandari et al.，2020；Bari et al.，2020；Yang et al.，2020b）和化学成分的降解（葛晓雯 等，2016；Bari et al.，2019；马艳如，2019；Yang et al.，2020c；Sun et al.，2020d），随着劣化的加剧，物理、力学性能大幅度衰减（高景然，2015；崔新婕 等，2016；葛晓雯 等，2016；谷雨，2016；Brischke et al.，2019；Li et al.，2019；Gao et al.，2019；Chang et al.，2020），最终影响到建筑整体的"健康"和"使用寿命"。

通过细胞壁解剖构造的变化可原位直观地表征其材质劣化程度，通过化学成分官能团的变化可判断三大素的变化规律，从而对降解程度进行分析。这种采用解剖构造变化的原位观察和FTIR官能团化学成分的剖析以实现其材质劣化程度的评估的方法，只需要用到非常少量的试样，不会对古建筑木构件造成过大的破坏，所以越来越多地被用在古建筑材质的评估上（Pandey et al.，2003；Xu et al.，2013；Yang et al.，2020 b，2020c；Sun et al.，2020d）。

本章采用普通光、偏光和荧光微观观察法对丹霞寺古建筑木构件细胞壁的破坏程度、纤维素和木质素的分布和含量进行原位分析，采用FTIR现代仪器手段对木构件化学官能团的变化情况进行定量研究，以分析劣化木构件化学成分变化规律，为材质劣化机制的研究以及后期修缮方案设计等提供数据基础和指导。

6.1 材料与方法

6.1.1 材料

将表5-1中编号分别为 No.1、No.2、No.3、No.4、No.5、No.6、No.7、No.8、No.9 的试样及对照组按5.1.1.2节进行切片的制备，所有切片均不染色，用于普通光、偏光和荧光的微观观察。将表5-1中试件编号分别为 No.1、No.4、No.5、No.7、No.8、

No.9 的试样及对照组粉碎为 100 目的木粉,用于傅里叶红外光谱(FTIR)分析。

6.1.2 方法

(1) 偏光和荧光下的构造观察

采用正置荧光显微镜(型号:ECLIPSE Ni-U。厂商:Nikon company),在普通光、偏光和荧光下对制作好的切片进行微观构造的观察。用普通光对其细胞破坏程度进行观察,用偏光对其纤维素含量和分布情况进行观察和分析,用荧光(蓝色的滤光片,515~560nm)对其木质素含量和分布情况进行观察和分析,以此来研究木构件纤维素和木质素的降低程度(崔新婕 等,2016;Yang et al.,2020b)。

(2) 傅里叶变换红外光谱(FTIR)分析

取一定量的绝干木粉和光谱溴化钾 KBr 按照 1∶150 的比例充分混合,在玛瑙研钵中研磨至粉末状。采用浴霸灯照射以保证整个过程中木粉和溴化钾 KBr 处于绝干状态。用专用器具粉末压片机(型号:FW-5A。厂商:天津博天胜达科技发展有限公司)将其压制成薄片,放入红外光谱仪(型号:ALPHA2。厂商:Bruker Inc.)中进行扫描,记录 $4000\sim400\text{cm}^{-1}$ 的红外吸收光谱(Yang et al.,2020 c;杨燕 等,2020;Yang et al.,2015)。

为了消除实验过程中木粉含量差异及操作误差对实验结果的影响,以吸收峰相对较为稳定的木质素苯环骨架伸缩振动的吸收峰(1508cm^{-1})为标准,采用纤维素、半纤维素和综纤维素的吸收峰高度与 1508cm^{-1}(光谱波数)木质素吸收峰高度的比值来表征化学成分的相对含量(Pandey et al.,2003;李改云 等,2010;Xu et al.,2013;刘苍伟 等,2017)。其中,吸收峰高度的计算如下:

先对谱图进行归一化处理,然后以吸收峰两侧最低点的切线作基线,从吸收峰顶端向横轴引垂线,垂线与基线的交点到吸收峰顶端的距离为吸收峰高度。用 H1735/H1508 表征半纤维素相对含量、H1374/H1508 和 H1159/H1508 表征综纤维素相对含量、H897/H1508 表征纤维素相对含量,用 H1508/H1735 和 H1508/H1374 表征木质素相对含量(Pandey et al.,2003;李改云 等,2010;Xu et al.,2013;刘苍伟 等,2017;董少华 等,2020;Yang et al.,2020c;Bari et al.,2020)。

化学成分变化量的计算见式(6.1),化学成分留存量的计算见式(6.2)。其中,计算结果中"+"表明增加,"−"表明减少(董少华 等,2020)。

$$各化学成分变化量 = \frac{腐朽或虫蛀材的峰高比 - 健康材的峰高比}{健康材的峰高比} \times 100\% \quad (6.1)$$

$$各化学成分留存量 = \frac{腐朽或虫蛀材的峰高比}{健康材的峰高比} \times 100\% \quad (6.2)$$

为了消除实验过程中木粉含量差异及操作误差对实验结果的影响,采用 H1374/H2900 和 H1429/H897 来表征纤维素结晶度的值(Colom et al.,2003;Monrroy et al.,2011;Tomak et al.,2013;Yang et al.,2020c),结晶区的变化量和留存量用于纤维素结晶区降解情况的分析,计算参考式(6.1)和式(6.2)。

6.2 结果与讨论

6.2.1 劣化木构件细胞壁微观构造变化

木构件材质的劣化必然带来解剖构造的变化，这些解剖构造的变化最终均会导致木构件力学强度的降低，从而影响到古建筑整体的安全和使用寿命。通常情况下，偏光显微镜可以定性地测量木材细胞壁中纤维素结晶区的分布和含量情况，结晶纤维素的双折射亮度越高，纤维素的浓度和含量就越高（Kanbayashi，2016；崔新婕 等，2016；Yang et al.，2020a）。荧光显微镜可以通过木材荧光亮度的强弱来测量木材细胞中木质素的分布和含量情况，荧光亮度越高，木质素的浓度和含量越高（Ma et al.，2013；崔新婕 等，2016；崔贺帅 等，2016；刘杏娥 等，2017；刘苍伟 等，2017；Kiyoto et al.，2018；Yang et al.，2020a，2020b）。这种采用偏光和荧光对木材中纤维素和木质素的降解情况进行分析的方法，只需要对古建筑的木构件取少量的试样而不造成大的破坏，所以越来越多地被用在古建筑木构件材质健康状况的评估上（崔新婕 等，2016；崔贺帅 等，2016；Yang et al.，2020b）。

6.2.1.1 红栎木构件细胞壁微观构造变化

图6-1、图6-2、图6-3和图6-4分别为红栎木构件No.1、No.2、No.3以及红栎模式标本在普通光、偏光和荧光下木材微观构造图。

从图6-1可以看出，在普通光下[图6-1（a）、（d）、（g）]，红栎木构件No.1受生物侵害非常严重，和红栎模式标本[图6-4（a）]相比，不管是在早材还是在晚材，木构件No.1的导管和木纤维细胞壁均受到不同程度的破坏，木射线和轴向薄壁组织细胞壁保持基本完好。在偏光下[图6-1（b）、（e）、（h）]，不管是在早材还是在晚材，和红栎模式标本[图6-4（b）]相比，木构件No.1的导管细胞壁中结晶纤维双折射亮度较为明显，说明导管中保持着较高的纤维素含量。这是由于导管中含有大量的抗腐朽能力较高的愈创木基型木质素，而木纤维和木射线中主要包含紫丁香基型木质素；导管中有抗腐朽能力高的愈创木基型木质素的保护，所以纤维素被大量地保存了下来（郭梦麟 等，2010）。而木纤维、木射线、环管管胞细胞壁的结晶纤维双折射亮度均不明显，说明这些类型细胞的细胞壁中纤维素被腐朽菌消耗严重。另外，由于部分轴向薄壁组织和木射线细胞中含有大量的晶体，所以在它们的部分细胞中双折射亮度较为明显。在荧光下[图6-1（c）、（f）、（i）]观察发现，不管是在早材还是在晚材，和红栎模式标本[图6-4（c）]相比，木构件No.1的导管、木纤维、木射线、轴向薄壁组织、环管管胞细胞壁的绿色荧光亮度均比较明显，说明这些类型细胞的细胞壁中保留着丰富的木质素成分，也就是说木质素没有被腐朽菌消耗或没有消耗太多。这和对淅川会馆红栎腐朽木构件（Yang et al.，2020b）的研究结果一致。

从图6-2、图6-3可以看出，在普通光下[图6-2（a）、（d）、（g），图6-3（a）、（d）、（g）]，红栎木构件No.2、No.3相比木构件No.1而言，受生物侵害不太严重；和红栎模式标本[图6-4（a）]相比，不管是在早材还是在晚材，木构件No.2、No.3的导管、木纤维、木射线和轴向薄壁组织细胞壁保持基本完好。在偏光下［图 6-2（b）、（e）、（h），图 6-3（b）、（e）、（h）］，不管是在早材还是在晚材，和红栎模式标本［图 6-4（b）］相比，木构件 No.2、No.3 的导管细胞壁中结晶纤维双折射亮度较为明显，说明导管中保持着较高的纤维素含量；而木纤维、木射线、轴向薄壁组织、环管管胞细胞壁的结晶纤维双折射亮度均不明显，说明这些类型细胞的细胞壁中纤维素被腐朽菌消耗严重；由于部分木射线细胞含有大量的晶体，所以在部分木射线细胞中双折射亮度较为明显。在荧光下［图 6-2（c）、（f）、（i），图 6-3（c）、（f）、（i）］，不管是在早材还是在晚材，和红栎模式标本［图 6-4（c）］相比，木构件 No.2、No.3 的导管、木纤维、木射线、轴向薄壁组织、环管管胞细胞壁的绿色荧光亮度均比较明显，说明细胞壁中保留着丰富的木质素成分，也就是说木质素没有被腐朽菌消耗或没有消耗太多。这和对淅川会馆红栎腐朽木构件（Yang et al.，2020b）以及木构件 No.1 的研究结果一致。

褐腐菌比较嗜好纤维素和半纤维素成分，而保留木质素成分，即不消耗木质素成分（Guo et al.，2010）。根据普通光、偏光和荧光微观构造的观察（图 6-1、图 6-2、图 6-3 和图 6-4），推测红栎木构件被褐腐菌严重消耗。纤维素为细胞壁中非常重要的化学成分，相当于钢筋混凝土结构中的钢筋，为骨架结构（刘一星，2012）；骨架结构的破坏，最终会直接影响古建筑的安全性。

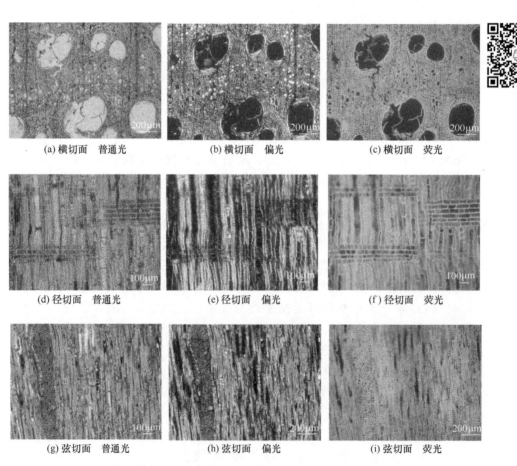

(a) 横切面　普通光　　(b) 横切面　偏光　　(c) 横切面　荧光

(d) 径切面　普通光　　(e) 径切面　偏光　　(f) 径切面　荧光

(g) 弦切面　普通光　　(h) 弦切面　偏光　　(i) 弦切面　荧光

图 6-1　红栎木构件 No.1 在普通光、偏光、荧光显微镜下的微观构造图

第 6 章　丹霞寺古建筑木构件细胞壁劣化程度的研究

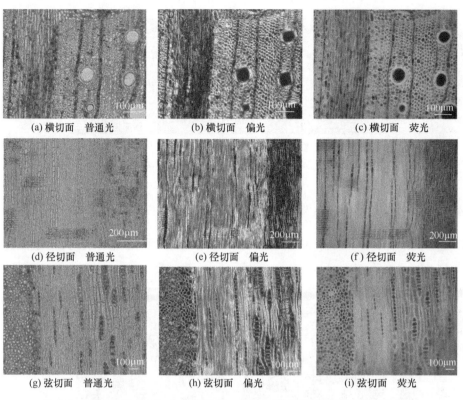

图 6-2　红栎木构件 No.2 在普通光、偏光、荧光显微镜下的微观构造图

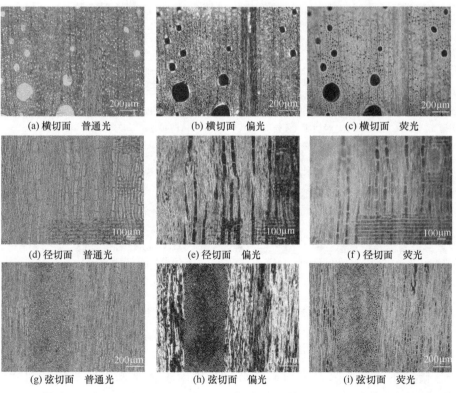

图 6-3　红栎木构件 No.3 在普通光、偏光、荧光显微镜下的微观构造图

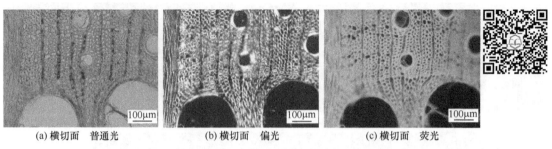

图 6-4 红栎模式标本在普通光、偏光、荧光显微镜下的微观构造图

6.2.1.2 桦木木构件细胞壁微观构造变化

图 6-5、图 6-6 分别为桦木木构件 No.4 以及模式标本在普通光、偏光和荧光显微镜下木材微观构造图。

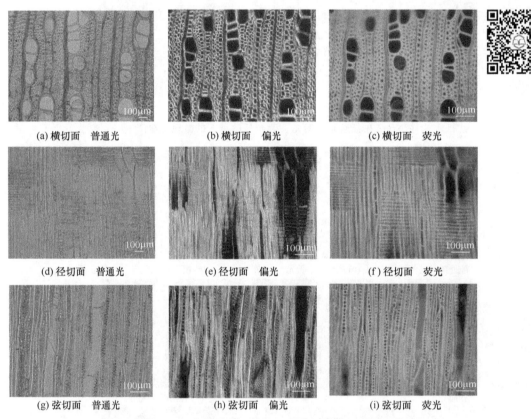

图 6-5 桦木木构件 No.4 在普通光、偏光、荧光显微镜下的微观构造图

从图 6-5 可以看出，在普通光下 [图 6-5（a）、(d)、(g)]，桦木木构件 No.4 和模式标本 [图 6-6（a）] 一样，导管、木纤维和木射线细胞壁均保持基本完好；原因可能是桦木木构件在采用 PEG 包埋处理后，这些细胞壁得到一定程度的加固（Yang et al.，2020b）。在偏光显微镜下 [图 6-5（b）、(e)、(h)]，桦木木构件和模式标本 [图 6-6（b）] 相比，导管、木纤维和木射线细胞壁的结晶纤维双折射亮度均不明显，说明桦木木

构件细胞壁中纤维素被腐朽菌消耗严重。在荧光显微镜下［图 6-5（c）、（f）、（i）］，桦木木构件和模式标本［图 6-6（c）］一样，导管、木纤维和木射线细胞壁的绿色荧光亮度比较明显，说明桦木木构件细胞壁中保留着丰富的木质素成分，也就是说木质素没有被腐朽菌消耗或没有消耗太多。

此外，笔者对桦木木材木纤维细胞壁木质素微区［图 6-5（c）、（f）］进行了分析，发现细胞角隅木质素的绿色荧光亮度高于复合胞间层和次生壁，说明细胞角隅的木质素浓度高于复合胞间层和次生壁，这个研究结果和国内外学者（Yoshizawa et al.，2000；许凤等，2009；Ma et al.，2011；Nakagawa et al.，2012；Wang et al.，2012；Ma et al.，2013；崔贺帅 等，2016；刘杏娥 等，2017；刘苍伟 等，2017；Kiyoto et al.，2018；Yang et al.，2020b）的研究成果一致。

通常情况下，褐腐菌比较嗜好纤维素成分，而保留木质素成分，即不消耗木质素成分，而白腐菌不仅能消耗纤维素和半纤维素，还消耗木质素（郭梦麟 等，2010）。根据偏光显微镜和荧光显微镜的观察（图 6-5、图 6-6）以及宏观的观察［图 4-13（e）］，推测桦木木构件不仅被白蚁啃蚀严重，还被褐腐菌严重消耗。

 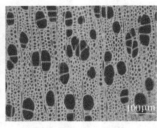

(a) 横切面 普通光　　　　　(b) 横切面 偏光　　　　　(c) 横切面 荧光

图 6-6　桦树模式标本在普通光、偏光、荧光显微镜下的微观构造图

6.2.1.3　枫杨木构件细胞壁微观构造变化

图 6-7、图 6-8、图 6-9 分别为枫杨木构件 No.5、No.6 以及模式标本在普通光、偏光和荧光显微镜下木材微观构造图。

从图 6-7、图 6-8 可以看出，在普通光下［图 6-7（a）、（d）、（g），图 6-8（a）、（d）、（g）］，枫杨木构件和模式标本［图 6-9（a）］一样，除了少数有破坏外，大部分导管、木纤维和木射线细胞壁均保持基本完好。在偏光显微镜下［图 6-7（b）、（e）、（h），图 6-8（b）、（e）、(h)］，枫杨木构件和模式标本［图 6-9（b）］相比，导管、木纤维和木射线细胞壁的结晶纤维双折射亮度均不明显，说明枫杨木构件细胞壁中纤维素被腐朽菌消耗严重；但导管的结晶纤维双折射亮度比木纤维和木射线细胞壁的稍高，说明导管中纤维素的含量较木纤维和木射线中的要高。这是由于导管中含有大量的抗腐朽能力较高的愈创木基型木质素，而木纤维和木射线中主要包含紫丁香基型木质素；导管中有抗腐朽能力高的愈创木基型木质素的保护，所以纤维素被大量地保存了下来（郭梦麟 等，2010）。在荧光显微镜下［图 6-7（c）、（f）、（i），图 6-8（c）、（f）、（i），枫杨木构件和模式标本［图 6-9（c）］一样，导管、木纤维和木射线细胞壁的绿色荧光亮度比较明显，说明枫杨木构件细胞壁中保留着丰富的木质素成分，也就是说木质素没有被腐朽菌消耗或没有消耗太多。

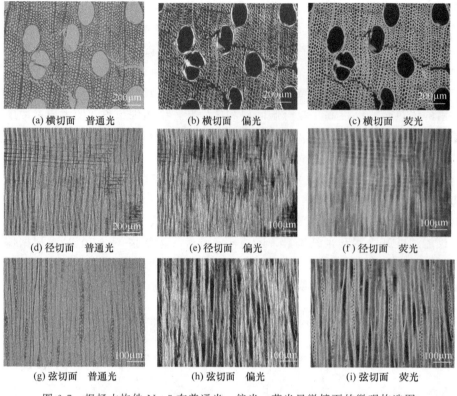

图 6-7 枫杨木构件 No.5 在普通光、偏光、荧光显微镜下的微观构造图

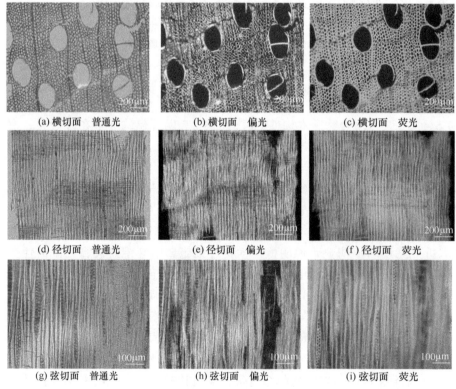

图 6-8 枫杨木构件 No.6 在普通光、偏光、荧光显微镜下的微观构造图

通常情况下，褐腐菌比较嗜好纤维素成分，而保留木质素成分，即不消耗木质素成分，而白腐菌不仅能消耗纤维素和半纤维素，还消耗木质素（郭梦麟 等，2010）。根据偏光显微镜和荧光显微镜的观察（图 6-7、图 6-8、图 6-9），以及宏观的观察［图 4-19（f）、(g)］，推测枫杨木构件不仅被白蚁啃蚀严重，还被褐腐菌严重消耗。

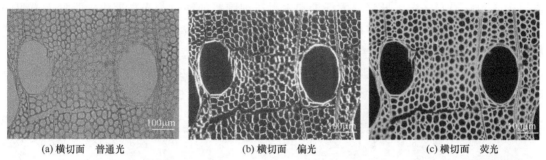

图 6-9　枫杨模式标本在普通光、偏光、荧光显微镜下的微观构造图

6.2.1.4　柳木木构件细胞壁微观构造变化

图 6-10、图 6-11 分别为柳木木构件 No.7 以及柳木模式标本在普通光、偏光和荧光显微镜下木材微观构造图。从图 6-10 可以看出，在普通光下［图 6-10（a）、(d)、(g)］，柳木木构件 No.3 和模式标本［图 6-11（a）］一样，导管、木纤维和木射线细胞壁均保持

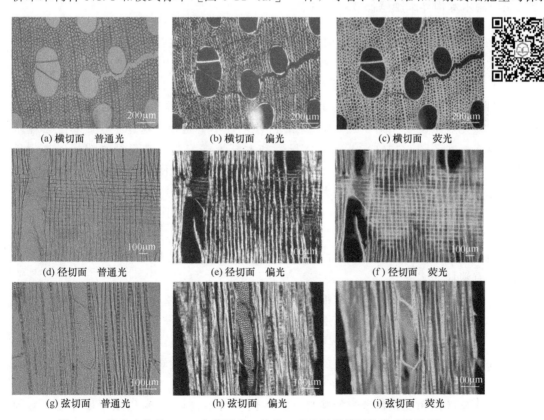

图 6-10　柳木木构件 No.7 在普通光、偏光、荧光显微镜下的微观构造图

基本完好。在偏光显微镜下［图 6-10（b）、(e)、(h)］，柳木木构件和模式标本［图 6-11（b）］相比，导管、木纤维和木射线细胞壁的结晶纤维双折射亮度稍弱于模式标本，但总体亮度非常明显，说明柳木木构件细胞壁中保留着大量的纤维素，即纤维素没有被腐朽菌消耗或没有消耗太多。在荧光显微镜下［图 6-10（c）、(f)、(i)］，柳木木构件和模式标本［图 6-11（c）］一样，导管、木纤维和木射线细胞壁的绿色荧光亮度比较明显，说明柳木木构件细胞壁中保留着丰富的木质素成分，也就是说木质素没有被腐朽菌消耗或没有消耗太多。

根据偏光显微镜和荧光显微镜的观察（图 6-10、图 6-11），以及宏观的观察［图 4-26（a）］，推测柳木木构件受褐腐菌消耗不明显，但是被昆虫啃蚀明显。

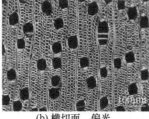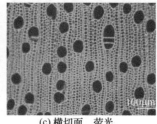

(a) 横切面　普通光　　　　(b) 横切面　偏光　　　　(c) 横切面　荧光

图 6-11　柳树模式标本在普通光、偏光、荧光显微镜下的微观构造图

6.2.1.5　榆木木构件细胞壁微观构造变化

图 6-12、图 6-13 分别为榆木木构件 No.8 以及模式标本在普通光、偏光和荧光显微镜下木材微观构造图。

从图 6-12 可以看出，在普通光下［图 6-12（a）、(d)、(g)］，榆木木构件 No.8 和模式标本［图 6-13（a）］相比有不同程度的破坏，但导管、木纤维和木射线细胞壁均保持基本完好。在偏光显微镜下［图 6-12（b）、(e)、(h)］，不管是在早材还是在晚材上，榆木木构件和模式标本［图 6-13（b）］相比，导管和木纤维细胞壁的结晶纤维双折射亮度稍弱于模式标本，但总体亮度非常明显，说明榆木木构件细胞壁中保留着大量的纤维素，即纤维素没有被腐朽菌消耗或没有消耗太多；在木射线直立细胞中有晶体的存在，双折射亮度明显，但其他部分的双折射亮度不明显。在荧光显微镜下［图 6-12（c）、(f)、(i)］，榆木木构件和模式标本［图 6-13（c）］一样，导管、木纤维和木射线细胞壁的绿色荧光亮度均非常明显，说明榆木细胞壁中保留着大量的木质素，即细胞壁中的木质素没有被腐朽菌消耗或没有消耗太多。

此外，笔者对榆木木构件木纤维细胞壁木质素微区［图 6-12（c）］进行了分析，发现细胞角隅木质素的浓度高于复合胞间层和次生壁，这个研究结果和国内外学者（Yoshizawa et al.，2000；许凤 等，2009；Ma et al.，2011；Nakagawa et al.，2012；Wang et al.，2012；Ma et al.，2013；崔贺帅 等，2016；刘杏娥 等，2017；刘苍伟 等，2017；Kiyoto et al.，2018；Yang et al.，2020b）的研究成果一致。

根据偏光显微镜和荧光显微镜的观察（图 6-12、图 6-13），推测榆木木构件没有被褐腐菌消耗，但是被白蚁啃蚀得非常严重。

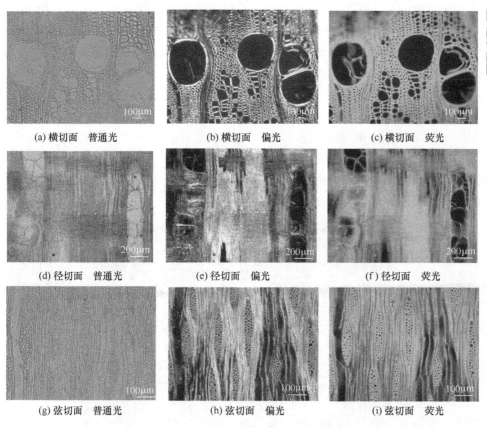

图 6-12 榆木木构件 No.8 在普通光、偏光、荧光显微镜下的微观构造图

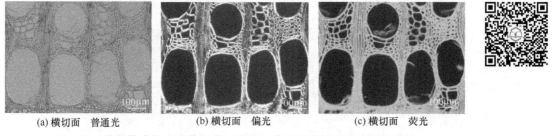

图 6-13 榆树模式标本在普通光、偏光、荧光显微镜下的微观构造图

6.2.1.6 杨木木构件细胞壁微观构造变化

图 6-14、图 6-15 分别为杨木木构件 No.9 以及杨木模式标本在普通光、偏光和荧光显微镜下木材微观构造图。

从图 6-14 可以看出,在普通光下〔图 6-14 (a)、(d)、(g)〕,杨木木构件 No.9 和模式标本〔图 6-15 (a)〕一样,导管、木纤维和木射线细胞壁均保持基本完好。在偏光显微镜下〔图 6-14 (b)、(e)、(h)〕,杨木木构件和模式标本〔图 6-15 (b)〕一样,导管、木纤维和木射线细胞壁的结晶纤维双折射亮度稍弱于模式标本,但总体亮度非常明显,说明杨木木构件细胞壁中保留着大量的纤维素,即细胞壁中的纤维素没有被腐朽菌消耗或没有消耗太多。在荧光显微镜下[图6-14（c）、（f）、（i）]，杨木木构件和模式标本[图6-15（c）]一样，导管、木纤维和木射线细胞壁的绿色荧光亮度比较明显，说明杨木木构件细胞壁中保留着丰富的木质素成分，也就是说木质素没有被腐朽菌消耗或没有消耗太多。

此外，笔者对杨木木材木纤维细胞壁木质素微区[图6-14（c）、（f）]进行了分析，发现细胞角隅木质素的浓度高于复合胞间层和次生壁，这个研究结果和国内外学者（Yoshizawa et al.，2000；许凤 等，2009；Ma et al.，2011；Nakagawa et al.，2012；Wang et al.，2012；Ma et al.，2013；崔贺帅 等，2016；刘杏娥 等，2017；刘苍伟 等，2017；Kiyoto et al.，2018；Yang et al.，2020b）的研究成果一致。

根据偏光显微镜和荧光显微镜的观察（图6-14、图6-15），推测杨木木构件没有被褐腐菌消耗，但是被白蚁啃蚀得非常严重。

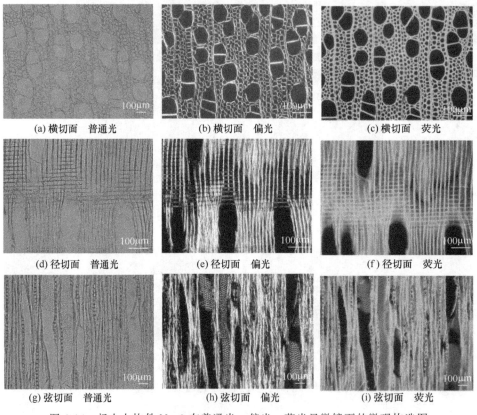

图6-14　杨木木构件No.9在普通光、偏光、荧光显微镜下的微观构造图

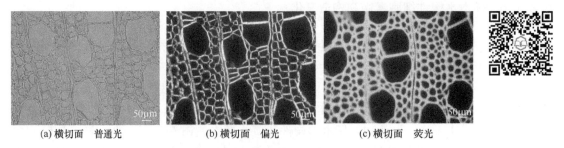

图6-15　杨木模式标本在普通光、偏光、荧光显微镜下的微观构造图

6.2.2 木构件细胞壁化学成分变化的 FTIR 分析

木材中的三大主要成分即纤维素、半纤维素和木质素都有对应的 FTIR 红外吸收光谱，当其含量发生变化时，FTIR 谱图中吸收峰的形状、位置和强度也会发生变化。因此，可依据 FTIR 谱图中各化学成分官能团所在的吸收峰位置、形状和强度的增加、减少或消失来确定官能团的变化情况，以此对木材化学成分含量的变化进行评估（Pandey，1999；邸明伟 等，2010；董少华 等，2020）。

通过查阅文献，对木材各化学成分 FTIR 红外谱图主要吸收峰的归属进行了总结（表 6-1）（池玉杰，2005；Pandey et al.，2003，2009；Stark et al.，2004；Ibrahim et al.，2007；Stark et al.，2007；李改云 等，2010；Monrroy et al.，2011；Zeng et al.，2012；Tomak et al.，2013；Xu et al.，2013；刘苍伟 等，2017；Tamburini et al.，2017；Croitoru et al.，2018；Fahey et al.，2019；Wentzel et al.，2019；Yang et al.，2020c；Bari et al.，2020；袁诚 等，2020；董少华 等，2020）：

其中，位于 $1735cm^{-1}$ 附近的吸收峰来自半纤维素乙酰基上非共轭 C=O 伸缩振动，该峰位是半纤维素区别于其他组分的特征吸收；$1374cm^{-1}$、$1159cm^{-1}$、$1104cm^{-1}$、$1058cm^{-1}$、$897cm^{-1}$ 以及 $810cm^{-1}$ 分别归属于纤维素和半纤维素中 C—H 伸缩振动、纤维素和半纤维素中 C—O—C 伸缩振动、纤维素中 OH 缔合吸收带、纤维素和半纤维素中 C—O 伸缩振动峰、纤维素中 C—H 弯曲振动以及半纤维素甘露结构的吸收峰（表 6-1），因此可以依据这几种波数相应吸收峰强度的变化来分析半纤维素、纤维素以及综纤维素的变化情况。

另外，位于 $1649cm^{-1}$、$1600cm^{-1}$、$1508cm^{-1}$、$1460cm^{-1}$、$1424cm^{-1}$、$1336cm^{-1}$、$1260cm^{-1}$、$1232cm^{-1}$、$1120cm^{-1}$ 附近的吸收峰分别归属于木质素中的共轭羰基中 C=O 伸缩振动、苯环碳骨架振动、苯环碳骨架振动、C—H 不对称弯曲振动、木质素甲基中 C—H 弯曲振动、愈创木基和紫丁香基的缩合与紫丁香基、G 型木质素单元上 C—O 伸缩振动、木质素的 C—C 和 C—O 伸缩振动、S 型木质素单元上 C—H 弯曲振动（表 6-1），因此可以依据这几种波数相应吸收峰强度的变化来分析木质素的变化情况。

表 6-1 木材红外光谱特征吸收峰位置及其归属

波数/cm^{-1}	官能团	特征吸收峰归属及说明
3446	O—H	羟基中 O—H 伸缩振动
2900	C—H	甲基、亚甲基中的 C—H 伸缩振动
1735	C=O	非共轭的酮、羰基和酯中 C=O 伸缩振动(半纤维素)
1649	C=O	共轭羰基中 C=O 伸缩振动(木质素)
1600	C=C,C=O	苯环碳骨架伸缩振动、C=O 伸缩振动,以 S 型为主(木质素)
1508	C—C	苯环碳骨架伸缩振动,以 G 型为主(木质素)
1460	C—H	甲基 C—H 变形(在—CH 和—CH_2—中不对称)(木质素)、CH_2 形变振动(木质素与聚木糖)
1424	C—H	CH_2 剪式振动(纤维素),CH_2 弯曲振动(木质素)

续表

波数/cm^{-1}	官能团	特征吸收峰归属及说明
1374	C—H	C—H 伸缩振动(纤维素和半纤维素)
1336	C—O、C—H	愈创木基和紫丁香基的缩合、紫丁香基(木质素), CH$_2$ 弯曲振动(纤维素)
1316~1320	C—H	CH$_2$ 剪切振动、O—H 面内弯曲振动(纤维素和半纤维素)
1260	C—O	愈创木基型 C—O 伸缩振动(木质素)
1245	C—O—C	酚醚键 C—O—C 伸缩振动(木质素)
1232	C—C、C—O	C—C、C—O 伸缩振动(木质素)
1200	C—O—C	C—O—C 对称弯曲振动, O—H 面内弯曲(纤维素和半纤维素)
1158	C—O—C	C—O—C 伸缩振动(纤维素和半纤维素)
1120	C—H	紫丁香基单元上 C—H 面内弯曲振动(木质素)
1112		紫丁香醛芳香核(木质素)
1104	O—H	OH 缔合吸收带(纤维素)
1058	C—O	仲醇和脂肪醚中的 C—O 变形(纤维素和半纤维素)
897	C—H	C—H 弯曲振动(纤维素)
810		甘露结构(半纤维素)

6.2.2.1 红栎木构件的 FTIR 分析

(1) 谱图直观分析

图 6-16 为红栎腐朽材与现代健康材的红外光谱图。从图 6-16 可以看出,红栎腐朽材在 1800~800cm^{-1} 范围内的吸收峰位置基本没有发生位移,但吸收峰强度有明显的变化。

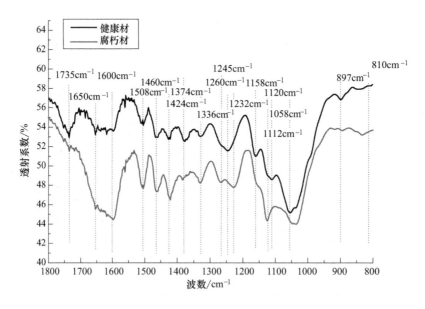

图 6-16 红栎木构件红外光谱谱图:1800~800cm^{-1}

腐朽材相比健康材而言，表征半纤维素上的 C═O 伸缩振动吸收峰（1735cm^{-1}）、综纤维素上的 C—H 伸缩振动吸收峰（1374cm^{-1}）以及纤维素上的 C—H 伸缩振动吸收峰（897cm^{-1}）的强度均有明显的减弱（图 6-16），这些吸收峰强度的降低表明纤维素、半纤维素受到腐朽菌较大程度的降解；另外，表征综纤维素上的醚键 C—O—C 伸缩振动吸收峰（1158cm^{-1}）以及仲醇和脂肪醚中的 C—O 变形吸收峰（1058cm^{-1}）消失（图 6-16），说明综纤维素在这两个吸收峰处的降解更为显著。这些吸收峰强度的降低以及吸收峰的消失导致了纤维素和半纤维素相对含量的降低。

相比健康材而言，表征木质素苯环骨架伸缩振动的吸收峰（1600cm^{-1}、1508cm^{-1}），木质素侧链上的 CH、CH$_2$ 不对称 C—H 变形振动的吸收峰（1460cm^{-1}），木质素 CH$_2$ 弯曲振动的吸收峰（1424cm^{-1}），愈创木基和紫丁香基的缩合、紫丁香基的吸收峰（1336cm^{-1}）强度有明显的增加，特别是 1508cm^{-1}、1460cm^{-1}、1424cm^{-1} 处的吸收峰强度增加尤为明显（图 6-16），表明红栎腐朽材中木质素相对含量的增加；表征木质素酚醚键的 C—O—C 伸缩振动的吸收峰（1245cm^{-1}）消失，但在表征 C—O 伸缩振动的吸收峰（1260cm^{-1}）、C—O 和 C—C 伸缩振动的吸收峰（1232cm^{-1}）处加了两个新峰（图 6-16）；表征紫丁香醛芳香核的吸收峰（1112cm^{-1}）消失，但在 1120cm^{-1} 处又增加了一个新的吸收峰（图 6-16）。1120cm^{-1} 附近的吸收峰来自紫丁香基单元上 C—H 面内弯曲振动，1336cm^{-1} 为紫丁香基单元上 C—O 变形振动，这两个紫丁香基木质素特有的吸收峰出现（袁诚 等，2020），说明红栎腐朽材中含有较高含量的紫丁香型木质素。木质素吸收峰强度的增加以及新峰的形成均表明红栎腐朽材中木质素相对含量的增加。木质素相对含量的提高，也意味着木构件中纤维素和半纤维素腐朽程度的增加（Pandey et al.，2003，2009）。

褐腐菌比较嗜好纤维素成分，而保留木质素成分（郭梦麟 等，2010），进一步证明了红栎木构件受到褐腐菌严重侵害，导致了纤维素和半纤维素降解较为显著，而木质素留存情况较好。这个研究结果和 Yang et al.（2020c）、Sun et al.（2020d）以及 6.2.1.1 节中红栎木构件偏光和荧光的研究结果一致（图 6-1～图 6-3）。

（2）化学成分相对含量变化分析

特征峰的测试结果（表 6-2）表明，红栎腐朽木构件木质素的相对含量呈明显增加趋势，其中：H1508/H1735、H1508/H1374 的增加量分别为 995%、298%，则留存量为 1095%、398%；而综纤维素的相对含量明显降低，H1735/H1508、H1374/H1508、H1158/H1508、H897/H1508 的下降量分别为 91%、75%、100%、88%，则留存量为 9%、25%、0、12%。由结果可知，红栎腐朽木构件纤维素和半纤维素降解非常严重。这个结果和之前对淅川会馆红栎木构件的研究成果（Yang et al.，2020c；Sun et al.，2020d）、直观的谱图（图 6-16）以及 6.2.1.1 节中红栎木构件偏光、荧光的研究结果一致（图 6-1～图 6-3）。

（3）纤维素结晶度变化分析

表征纤维素结晶度的指标值 H1374/H2900 从 2.00（健康材）降低到 1.10（腐朽材），降低了 45%，H1424/H897 从 3.17（健康材）降低到 2.50（腐朽材），降低了约 21%（表 6-2），表明结晶纤维素遭到褐腐菌较大程度的降解。结晶度的降低自然会造成木构件物理和力学的相关性能的降低（刘一星，2012）。

表 6-2 木构件化学成分变化的红外吸收峰高比值

试样		木质素与综纤维素吸收峰高度比		综纤维素与木质素吸收峰高度比				纤维素结晶度	
		1508/1735	1508/1374	1735/1508	1374/1508	1158/1508	897/1508	H1374/H2900	H1424/H897
红栎	健康材	0.59	1.19	1.68	0.84	0.95	0.32	2.00	3.17
	腐朽材	6.50	4.73	0.15	0.21	0.00	0.04	1.10	2.50
	峰高差值	5.91	3.54	−1.53	−0.63	−0.95	−0.28	−0.90	−0.67
	留存量	1095%	398%	9%	25%	0	12%	55%	79%
	变化量	995%	298%	−91%	−75%	−100%	−88%	−45%	−21%
桦木	健康材	0.65	1.88	1.53	0.53	0.60	0.33	0.80	1.54
	腐朽材	1.09	3.00	0.92	0.33	0.42	0.33	0.33	1.01
	峰高差值	0.44	1.13	−0.62	−0.20	−0.18	0.00	−0.47	−0.53
	留存量	167%	160%	60%	62%	69%	100%	42%	66%
	变化量	67%	60%	−40%	−38%	−31%	0	−58%	−34%
枫杨	健康材	0.67	0.47	1.50	2.13	2.19	0.25	2.43	3.00
	腐朽材	5.83	7.00	0.17	0.14	0.00	0.11	0.36	1.57
	峰高差值	5.17	6.53	−1.33	−1.98	−2.19	−0.14	−2.07	−1.43
	留存量	875%	1488%	11%	7%	0	46%	15%	52%
	变化量	775%	1388%	−89%	−93%	−100%	−54%	−85%	−48%
柳木	健康材	1.63	1.63	0.62	0.62	0.38	0.31	0.73	2.25
	腐朽材	1.56	2.00	0.64	0.50	0.29	0.29	0.58	2.50
	峰高差值	−0.07	0.38	0.03	−0.12	−0.10	−0.02	−0.14	0.25
	留存量	96%	123%	104%	81%	74%	93%	80%	111%
	变化量	−4%	23%	4%	−19%	−26%	−7%	−20%	11%
榆木	健康材	0.44	0.67	2.25	1.50	0.50	1.00	0.67	2.00
	腐朽材	0.56	0.83	1.80	1.20	0.64	1.20	0.86	1.50
	峰高差值	0.11	0.17	−0.45	−0.30	0.14	0.20	0.19	−0.50
	留存量	125%	125%	80%	80%	128%	120%	129%	75%
	变化量	25%	25%	−20%	−20%	28%	20%	29%	−25%
杨木	健康材	1.67	1.88	0.60	0.53	0.40	0.40	0.80	1.83
	腐朽材	2.13	2.13	0.47	0.47	0.35	0.35	0.73	1.33
	峰高差值	0.46	0.25	−0.13	−0.06	−0.05	−0.05	−0.07	−0.50
	留存量	128%	113%	78%	88%	88%	88%	91%	73%
	变化量	28%	13%	−22%	−12%	−12%	−12%	−9%	−27%

注：原始数据精确到小数点后四位。表中数值在原始数据基础上保留两位小数（百分数 $x\% = x \times 0.01$，做同样处理）时可能产生一些误差（如"腐朽材"−"健康材"≠"峰高差值"），属于合理误差范围。

6.2.2.2 桦木木构件的FTIR分析

（1）谱图直观分析

图 6-17 为桦木虫蛀材与现代健康材的红外光谱谱图。从图 6-17 可以看出，桦木虫蛀材在 $1800 \sim 800 \mathrm{cm}^{-1}$ 范围内的吸收峰位置基本没有发生位移，但吸收峰强度有明显的变化。

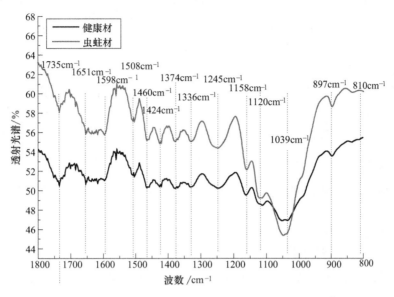

图 6-17　桦木木构件红外光谱谱图：1800~800cm^{-1}

虫蛀材和健康材相比，表征半纤维素上的 C=O 伸缩振动吸收峰（1735cm^{-1}）、综纤维素上的 C—H 伸缩振动吸收峰（1374cm^{-1}）和醚键 C—O—C 伸缩振动吸收峰（1158cm^{-1}）的强度均有明显的减弱（图 6-17），这些吸收峰强度的降低表明纤维素和半纤维素受到腐朽菌一定程度的降解，从而导致了纤维素和半纤维素相对含量的降低。

从图 6-17 可以看出，虫蛀材和健康材相比，表征木质素上的侧链上的共轭羰基中的 C=O 伸缩振动的吸收峰（1651cm^{-1}），木质素苯环骨架伸缩振动的吸收峰（1598cm^{-1}、1508cm^{-1}），木质素侧链上的 CH、CH$_2$ 不对称 C—H 变形振动的吸收峰（1460cm^{-1}），木质素 CH$_2$ 弯曲振动的吸收峰（1424cm^{-1}），愈创木基和紫丁香基的缩合、紫丁香基的吸收峰（1336cm^{-1}），木质素酚醚键的 C—O—C 伸缩振动的吸收峰（1245cm^{-1}），紫丁香基单元上 C—H 面内弯曲振动的吸收峰（1120cm^{-1}）强度明显地增加，特别是 1508cm^{-1}、1460cm^{-1}、1424cm^{-1}、1336cm^{-1} 处的吸收峰强度增加尤为明显；木质素吸收峰强度的增加表明桦木虫蛀材中木质素相对含量的增加，而木质素相对含量的提高，也意味着木构件腐朽程度的增加（Pandey et al.，2003，2009）。

褐腐菌比较嗜好纤维素成分，而保留木质素成分（郭梦麟 等，2010），进一步证明了桦木木构件在受到虫蛀的同时，也受到褐腐菌严重侵害，导致了综纤维素降解较为显著，而木质素留存情况较好。这个研究结果和 6.2.1.2 中桦木木构件偏光、荧光的研究结果一致（图 6-5）。

（2）化学成分相对含量变化分析

从表 6-2 中可以看出，表征木质素相对含量的指标值 H1508/H1735、H1508/H1374 有明显增加的趋势，增加量分别为 67%、60%，则留存量为 167%、160%；而综纤维素的相对含量明显地降低，H1735/H1508、H1374/H1508、H1158/H1508、H897/H1508 的下降量分别为 40%、38%、31%、0，则留存量为 60%、62%、69%、100%，说明纤维素和半纤维素含量明显地降低。

结果再次说明桦木木构件在被白蚁蛀蚀的过程中，也受到来自褐腐菌的侵害，消耗了一定量的纤维素、半纤维素，保留了木质素成分，这个研究结果和直观的谱图（图 6-17）以及 6.2.1.2 节中桦木木构件偏光、荧光的研究结果一致（图 6-5）。

（3）纤维素结晶度变化分析

表征纤维素结晶度的指标值 H1374/H2900 从 0.80（健康材）降低到 0.33（腐朽材），降低了约 58%，H1424/H897 从 1.54（健康材）降低到 1.01（腐朽材），降低了约 34%（表 6-2）。这说明桦木木构件在被昆虫啃蚀的过程中，受到腐朽菌较大程度的侵害，消耗了较多结晶纤维素。

6.2.2.3 枫杨木构件的 FTIR 分析

（1）谱图直观分析

图 6-18 为枫杨虫蛀材与现代健康材的红外光谱谱图。从图 6-18 可以看出，枫杨虫蛀材在 1800～800cm^{-1} 范围内的吸收峰位置基本没有发生位移，但吸收峰强度有明显的变化。

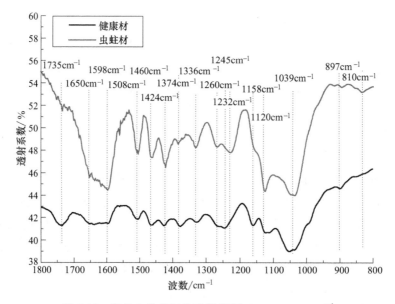

图 6-18　枫杨木构件红外光谱谱图：1800～800cm^{-1}

虫蛀材和健康材相比，表征半纤维素上的 C=O 伸缩振动吸收峰（1735cm^{-1}）、综纤维素上的 C—H 伸缩振动吸收峰（1374cm^{-1}）的强度均有明显的减弱，这些吸收峰强度的降低表明纤维素和半纤维素受到腐朽菌一定程度的降解；另外，表征综纤维素上的醚键 C—O—C 伸缩振动吸收峰（1158cm^{-1}）以及纤维素上的 C—H 弯曲振动吸收峰（897cm^{-1}）消失（图 6-18），说明纤维素和半纤维素在这两个吸收峰处的降解更为显著。这些吸收峰强度的降低以及吸收峰的消失导致了纤维素和半纤维素相对含量的降低。

从图 6-18 可以看出，和健康材相比，表征木质素上的侧链上的共轭羰基中的 C=O

伸缩振动的吸收峰（1650cm^{-1}），表征木质素苯环骨架伸缩振动的吸收峰（1598cm^{-1}、1508cm^{-1}），木质素侧链上的 CH、CH$_2$ 不对称 C—H 变形振动的吸收峰（1460cm^{-1}），木质素 CH$_2$ 弯曲振动的吸收峰（1424cm^{-1}），愈创木基和紫丁香基的缩合、紫丁香基的吸收峰（1336cm^{-1}），紫丁香基单元上 C—H 面内弯曲振动的吸收峰（1120cm^{-1}）强度明显地增加，特别是 1508cm^{-1}、1460cm^{-1}、1424cm^{-1}、1336cm^{-1}、1120cm^{-1} 处的吸收峰强度增加尤为明显；表征木质素酚醚键的 C—O—C 伸缩振动的吸收峰（1245cm^{-1}）消失，但在表征 C—O 伸缩振动的吸收峰（1260cm^{-1}）、C—O 和 C—C 伸缩振动的吸收峰（1232cm^{-1}）处增加了两个新峰（图 6-18）；木质素吸收峰强度的增加以及新峰的形成均表明枫杨虫蛀材中木质素相对含量的增加。木质素相对含量的提高，也意味着木构件腐朽程度的增加（Pandey et al.，2003，2009）。

褐腐菌比较嗜好纤维素成分，而保留木质素成分（郭梦麟 等，2010），进一步证明了枫杨木构件在受到白蚁严重蛀蚀的同时，又受到褐腐菌严重侵害，导致了综纤维素降解较为显著，而木质素留存情况较好。这个研究结果和 6.2.1.3 节中枫杨木构件偏光、荧光的研究结果一致（图 6-7 和图 6-8）。

(2) 化学成分相对含量变化分析

从表 6-2 中可以看出，表征木质素相对含量的指标值 H1508/H1735、H1508/H1374 有明显增加的趋势，增加量分别为 775%、1388%，则留存量为 875%、1488%；而综纤维素的相对含量明显地降低，H1735/H1508、H1374/H1508、H1159/H1508、H897/H1508 的下降量分别为 89%、93%、100%、54%，则留存量为 11%、7%、0、46%。由结果可知，枫杨虫蛀材的纤维素和半纤维素降解较为严重。

综纤维素相对含量的降低和木质素相对含量的增加表明，相比木质素而言，褐腐菌更喜欢侵害纤维素和半纤维素，这和其他研究的结果一致（Yang et al.，2020c；李改云 等，2010；Xu et al.，2013；刘苍伟 等，2017）。

这再次说明枫杨木构件在被白蚁蛀蚀的过程中，也受到来自褐腐菌的侵害，消耗了一定量的纤维素、半纤维素，保留了木质素成分，这个研究结果和直观的谱图（图 6-18）以及 6.2.1.3 节中枫杨木构件的偏光、荧光的研究结果一致（图 6-7、图 6-8）。

(3) 纤维素结晶度变化分析

表征纤维素结晶度的指标值 H1374/H2900 从 2.43（健康材）降低到 0.36（腐朽材），降低了约 85%，H1424/H897 从 3.00（健康材）降低到 1.57（腐朽材），降低了约 48%（表 6-2）。这说明枫杨木构件在被昆虫啃蚀的过程中，受到腐朽菌较大程度的侵害，消耗了较多结晶纤维素。结晶度的降低自然会造成木构件物理和力学的相关性能的降低（刘一星，2012）。

6.2.2.4 柳木木构件的 FTIR 分析

(1) 谱图直观分析

图 6-19 为柳木虫蛀材与现代健康材的红外光谱谱图。从图 6-19 可以看出，柳木虫蛀材在 1800～800cm^{-1} 范围内的吸收峰位置基本没有发生位移。

虫蛀材和健康材相比，表征综纤维素上的 C—H 伸缩振动吸收峰（1374cm^{-1}）和醚

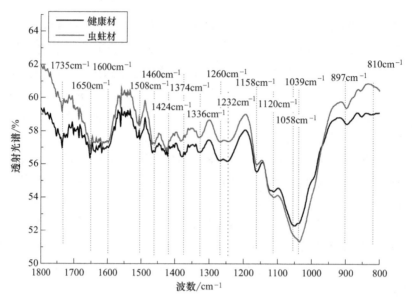

图 6-19 柳木木构件红外光谱谱图：1800～800cm^{-1}

键 C—O—C 伸缩振动吸收峰（1159cm^{-1}）、纤维素上的 C—H 弯曲振动吸收峰（897cm^{-1}）、半纤维素上的甘露结构吸收峰（810cm^{-1}）的强度均没有明显增加或降低（图 6-19），这些吸收峰强度无明显的变化表明纤维素和半纤维素没有受到腐朽菌的降解；但表征综纤维素上的 C—O 变形振动吸收峰（1058cm^{-1}）消失，表征半纤维素上的 C=O 伸缩振动吸收峰（1735cm^{-1}）有微弱降低（图 6-19），说明柳木虫蛀材虽然受到虫蛀，但在被昆虫啃蚀的过程中纤维素和半纤维素没有受到腐朽菌太明显的侵害。

虫蛀材和健康材相比，表征木质素上的侧链上的共轭羰基中的 C=O 伸缩振动的吸收峰（1650cm^{-1}），表征木质素苯环骨架伸缩振动的吸收峰（1600cm^{-1}、1508cm^{-1}），表征木质素侧链上的 CH、CH$_2$ 不对称 C—H 变形振动的吸收峰（1460cm^{-1}），愈创木基和紫丁香基的缩合、紫丁香基的吸收峰（1336cm^{-1}），C—O 伸缩振动的吸收峰（1260cm^{-1}），C—O 和 C—C 伸缩振动的吸收峰（1232cm^{-1}），紫丁香基单元上 C—H 面内弯曲振动的吸收峰（1120cm^{-1}）的强度也没有明显增加或降低，这些吸收峰强度无明显的变化表明木质素也没有受到腐朽菌太明显的降解。但表征木质素 CH$_2$ 弯曲振动的吸收峰（1424cm^{-1}）有微弱的增加。

总体分析，柳木木构件在被昆虫啃蚀的过程中，或多或少地也受到腐朽菌一定的侵害，但侵害的程度不太明显，仍然保留着大量的纤维素、半纤维素和木质素成分，这个研究结果和 6.2.1.4 节中柳木木构件的偏光、荧光的研究结果一致（图 6-10）。

（2）化学成分相对含量变化分析

从表 6-2 中可以看出，表征木质素相对含量的指标值 H1508/H1735、H1508/H1374 变化幅度不明显，分别为 -4%、+23%；表征综纤维素的相对含量的指标值 H1735/H1508、H1374/H1508、H1159/H1508、H897/H1508 有一些降低，但降低幅度不太明显，分别为 +4%、-19%、-26%、-7%（表 6-2）。

这再次说明柳木木构件在被昆虫啃蚀的过程中，受腐朽菌的侵害较少，仍然保留着大量的纤维素、半纤维素和木质素成分,这个研究结果和直观的谱图(图 6-19)以及 6.2.1.4 节中柳木木构件的偏光、荧光的研究结果一致(图 6-10)。

(3) 纤维素结晶度变化分析

表征纤维素结晶度的指标值 H1374/H2900 从 0.73(健康材)降低到 0.58(虫蛀材),降低了约 20%(由表 6-2 原始数据计算得);H1424/H897 从 2.25(健康材)增加到 2.50(虫蛀材),增加了约 11%(表 6-2)。相比红栎木构件而言,柳木虫蛀材纤维素结晶度的变化幅度不太明显,说明柳木木构件在被昆虫啃蚀的过程中,或多或少地也受到腐朽菌一定的侵害,但侵害的程度不太明显,仍然保留着丰富的纤维素。

6.2.2.5 榆木木构件的 FTIR 分析

(1) 谱图直观分析

图 6-20 为榆木虫蛀材与现代健康材的红外光谱谱图。从图 6-20 可以看出,榆木虫蛀材在 1800~800cm^{-1} 范围内的吸收峰位置基本没有发生位移。

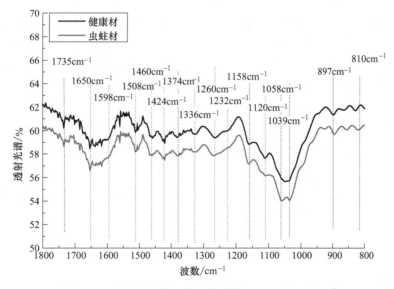

图 6-20 榆木木构件红外光谱谱图:1800~800cm^{-1}

虫蛀材和健康材相比,表征半纤维素上的 C=O 伸缩振动吸收峰(1735cm^{-1})、综纤维素上的 C—H 伸缩振动吸收峰(1374cm^{-1})和醚键 C—O—C 伸缩振动吸收峰(1159cm^{-1})、纤维素上的 C—H 弯曲振动吸收峰(897cm^{-1})的强度均没有明显增加或降低,这些吸收峰强度无明显的变化表明纤维素和半纤维素没有受到腐朽菌太明显的降解;但在表征综纤维素上的 C—O 变形振动吸收峰(1058cm^{-1})和 C=O 伸缩振动吸收峰(1039cm^{-1})处增加了两个新峰,在表征半纤维素上的甘露结构吸收峰(810cm^{-1})处的强度有微弱的增加(图 6-20),说明榆木虫蛀材虽然受到虫蛀,但在被昆虫啃蚀的过程中纤维素和半纤维素受到腐朽菌侵害不太明显。

虫蛀材和健康材相比,表征木质素上的侧链上的共轭羰基中的 C=O 伸缩振动的吸收峰(1650cm^{-1}),表征木质素苯环骨架伸缩振动的吸收峰(1508cm^{-1}),表征木质素侧链上的 CH、CH$_2$ 不对称 C—H 变形振动的吸收峰（1460cm^{-1}）、木质素 CH$_2$ 弯曲振动的吸收峰（1424cm^{-1}），愈创木基和紫丁香基的缩合、紫丁香基的吸收峰（1336cm^{-1}），C—O 伸缩振动的吸收峰（1260cm^{-1}）的强度也没有明显增加或降低，这些吸收峰强度无明显的变化表明木质素没有受到腐朽菌太明显的降解；但在表征紫丁香基单元上 C—H 面内弯曲振动的吸收峰（1120cm^{-1}）处的强度有微弱的增加，说明榆木虫蛀材中木质素也没有被腐朽菌侵害得太明显。

榆木木构件在被昆虫啃蚀的过程中，或多或少地也受到腐朽菌一定的侵害，但侵害的程度不太明显，仍然保留着大量的纤维素、半纤维素和木质素成分，这个研究结果和 6.2.1.5 节中榆木木构件的偏光、荧光的研究结果一致（图 6-12）。

(2) 化学成分相对含量变化分析

从表 6-2 中可以看出，表征木质素相对含量的指标值 H1508/H1735、H1508/H1374 有一些增加，但增加幅度不明显，分别为 +25%、+25%；表征综纤维素的相对含量的指标值 H1735/H1508、H1374/H1508、H1159/H1508、H897/H1508 也有一些变化，但变化幅度也不太明显，分别为 −20%、−20%、28%、+20%（表 6-2）。

这再次说明榆木木构件在被昆虫啃蚀的过程中，或多或少地也受到腐朽菌一定的侵害，但侵害的程度不太明显，仍然保留着大量的纤维素、半纤维素和木质素成分，这个研究结果和直观的谱图（图 6-20）以及 6.2.1.5 节中榆木木构件的偏光、荧光的研究结果一致（图 6-12）。

(3) 纤维素结晶度变化分析

表征纤维素结晶度的指标值 H1374/H2900 从 0.67（健康材）增加到 0.86（虫蛀材），增加了约 28%，H1424/H897 从 2.00（健康材）降低到 1.50（虫蛀材），降低了 25%（表 6-2）。相比红桦木构件而言，榆木虫蛀材纤维素结晶度的变化幅度不太明显，说明榆木木构件在被昆虫啃蚀的过程中，没有受到腐朽菌对它太大的侵害，仍然保留着丰富的纤维素。

6.2.2.6 杨木木构件的 FTIR 分析

(1) 谱图直观分析

图 6-21 为杨木虫蛀材与现代健康材的红外光谱谱图。从图 6-21 可以看出，杨木虫蛀材在 1800~800cm^{-1} 范围内的吸收峰位置基本没有发生位移。

虫蛀材和健康材相比，表征半纤维素上的 C=O 伸缩振动吸收峰（1735cm^{-1}）和甘露结构吸收峰（810cm^{-1}）、综纤维素上的 C—H 伸缩振动吸收峰（1374cm^{-1}）和醚键 C—O—C 伸缩振动吸收峰（1158cm^{-1}）、纤维素上的 C—H 弯曲振动吸收峰（897cm^{-1}）的强度均没有明显增加或降低（图 6-21），这些吸收峰强度无明显的变化表明纤维素和半纤维素没有受到腐朽菌太明显的降解。表征综纤维素上的 C—O 变形振动吸收峰（1058cm^{-1}）有消失（图 6-21）。总体而言，杨木虫蛀材虽然受到虫蛀，但在被昆虫啃蚀的过程中纤维素和半纤维素没有受到腐朽菌太明显的侵害。

虫蛀材和健康材相比，表征木质素上的侧链上的共轭羰基中的 C=O 伸缩振动吸收峰（1653cm^{-1}）、表征木质素苯环骨架伸缩振动的吸收峰（1598cm^{-1}、1508cm^{-1}）、

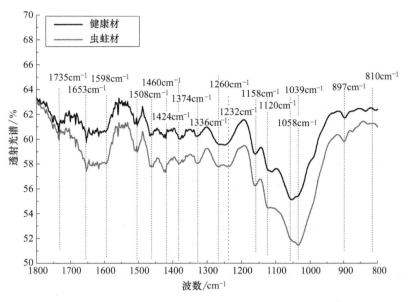

图 6-21 杨木木构件红外光谱谱图：1800～800cm^{-1}

C—O 伸缩振动的吸收峰（1260cm^{-1}）、C—O 和 C—C 伸缩振动的吸收峰（1232cm^{-1}）、紫丁香基单元上 C—H 面内弯曲振动的吸收峰（1120cm^{-1}）强度也没有明显增加或降低，这些吸收峰强度无明显的变化表明木质素没有受到腐朽菌太明显的降解；表征木质素侧链上的 CH、CH_2 不对称 C—H 变形振动的吸收峰（1460cm^{-1}），木质素 CH_2 弯曲振动的吸收峰（1424cm^{-1}），愈创木基和紫丁香基的缩合、紫丁香基的吸收峰（1336cm^{-1}）强度有微弱的增加，说明杨木虫蛀材中木质素也没有被腐朽菌侵害得太严重。

杨木木构件在被昆虫啃蚀的过程中，或多或少地也受到腐朽菌一定的侵害，但侵害的程度不太明显，仍然保留着大量的纤维素、半纤维素和木质素成分，这个研究结果和 6.2.1.6 节中杨木木构件的偏光、荧光的研究结果一致（图 6-14）。

（2）化学成分相对含量变化分析

从表 6-2 中可以看出，表征木质素相对含量的指标值 H1508/H1735、H1508/H1374 有一些增加，但增加幅度不明显，分别为＋28%、＋13%；表征综纤维素的相对含量的指标值 H1735/H1508、H1374/H1508、H1159/H1508、H897/H1508 也有一些降低，但变化幅度不太明显，分别为－22%、－12%、－12%、－12%（表 6-2）。

这再次说明杨木木构件在被昆虫啃蚀的过程中，受腐朽菌的侵害较少，仍然保留着大量的纤维素、半纤维素和木质素成分，这个研究结果和直观的谱图（图 6-21）以及 6.2.1.6 节中杨木木构件偏光、荧光的研究结果一致（图 6-14）。

（3）纤维素结晶度变化分析

表征纤维素结晶度的指标值 H1374/H2900 从 0.80（健康材）降低到 0.73（虫蛀材），降低了约 9%；H1424/H897 从 1.83（健康材）降低到 1.33（虫蛀材），降低了约 27%（表 6-2）。相比红栎木构件而言，杨木虫蛀材纤维素结晶度的变化幅度不太明显，说明杨木木构件在被昆虫啃蚀的过程中，没有受到腐朽菌对它太大的侵害，仍然保留着丰富的纤维素。

6.3 讨论

综上所述，红栎木构件受到褐腐菌的侵害，没有发现来自昆虫的侵害。桦木和枫杨在受到白蚁啃蚀时，纤维素和半纤维素也有明显的降解，表明这两种木材同时也受到来自褐腐菌的侵害，且侵害严重。有研究表明，真菌与昆虫对木材的危害是营养互惠的（Graham，1967；郭梦麟 等，2010）。被真菌腐朽后的木材渐渐变得松软，便于昆虫嚼食和钻穴，如湿木白蚁可嚼食半朽的晚材但不能嚼食未朽的晚材。另外，一些腐朽菌对木材进行侵害时会散发与信息素气味相似的产物，如香草酸（vanillic acid）、对羟基苯甲酸（hydroxybenzoic acid）及香豆酸（coumaric acid）等酚类物质，从而吸引昆虫靠近（Becker，1971），继而带来对木材的侵害。而柳木、榆木和杨木化学成分没有发生明显变化，说明这三种木材没有受到太明显的腐朽菌侵害，但昆虫蛀蚀严重。

不管是红栎木材还是桦木、枫杨木材，由于长期受周围环境湿度变化、微生物和昆虫等因素的影响，木材中虽然起粘接作用的木质素保存良好，但起骨架作用的纤维素，以及起填充作用的半纤维素均受到不同程度的降解。木构件的强度和承载力都有所降低。因此，在后期的保护及维修中，应该对这些木构件进行必要的加固处理，以确保其安全。

6.4 本章小结

通过对红栎、桦木、枫杨、柳木、榆木和杨木木构件材质劣化的微观观察以及化学成分的分析，得出：

① 通过微观观察，发现红栎木构件中导管、木纤维、木射线等细胞壁中结晶纤维素折射亮度均不明显，说明这些细胞壁遭到腐朽菌严重的侵害，导致了纤维素含量的降低，而这些细胞壁中木质素保留丰富，推测红栎木构件被褐腐菌侵蚀严重；发现桦木和枫杨木构件被白蚁严重啃蚀，另外，导管、木纤维、木射线等细胞壁中结晶纤维素折射亮度均不明显，说明这些细胞壁遭到腐朽菌严重的侵害，导致了纤维素含量的降低，而这些细胞壁中木质素保留丰富，推测桦木和枫杨木构件被褐腐菌侵蚀严重；而榆木、柳木和杨木被白蚁严重啃蚀，但受腐朽菌的侵蚀不明显，仍然保留着丰富的纤维素和木质素成分，推测榆木、柳木和杨木木构件受腐朽菌侵蚀不明显或没有受到来自腐朽菌的侵害。

② 通过对红栎、柳木、榆木、杨木、桦木和枫杨木构件的 FTIR 分析，发现红栎、桦木和枫杨木构件的纤维素、半纤维素吸收峰强度明显降低，而木质素吸收峰强度增幅均较大；同时还发现，这三种木构件的综纤维素相对含量指标值（H1735/H1508、H1374/H1508、H1159/H1508、H897/H1508）以及结晶纤维素指标值（H1374/H2900、H1424/H897）保持着较高的降低量，而木质素相对含量指标值（H1508/H1735、H1508/H1374）

保持着较高的增加量；这些结果均说明红栎腐朽材受褐腐菌侵害较为严重，而桦木和枫杨木在被昆虫蛀蚀的过程中，也遭受到褐腐菌较大程度的侵害。另外，柳木、榆木、杨木这三种木构件的纤维素、半纤维素以及综纤维素吸收峰强度变化程度不大，综纤维素相对含量指标值、结晶纤维素指标值、木质素相对含量指标值的变化幅度均较小，说明这三种木构件在被昆虫蛀蚀的过程中，遭受到褐腐菌侵害的程度较小。

| 第7章 |

丹霞寺古建筑修缮设计

通过前期的法式勘查、残损的宏观勘查、木构件树种的鉴定以及材质劣化的微观和化学成分的分析研究，依据现行的法律法规，对丹霞寺古建筑制定科学合理的维修方案，为后期的修缮施工提供依据。

7.1 设计依据和修缮原则

7.1.1 设计依据

本次修缮设计依据主要有：
① 《中华人民共和国文物保护法》（2017年修订）；
② 《中华人民共和国文物保护法实施条例》（2017年修订）；
③ 《中国文物古迹保护准则》（2015年修订）；
④ 《文物保护管理暂行条例》；
⑤ 《古建筑木结构维护与加固技术规范》（GB 50165—92）；
⑥ 《古建筑木结构维护与加固技术标准》（GB/T 50165—2020）；
⑦ 丹霞寺古建筑法式勘查结果（第3章）、现场勘查结果（第4章）和木构件的树种鉴定结果（第5章）以及材质劣化的微观和化学成分分析结果（第6章）。

7.1.2 修缮原则

《文物保护管理暂行条例》第十一条中明确规定："一切核定为文物保护单位的纪念建筑物、古建筑、石窟寺、石刻、雕塑等（包括建筑物的附属物），在进行修缮、保养的时候，必须严格遵守恢复原状或者保存现状的原则，在保护范围内不得进行其他的建设工程。"

《中华人民共和国文物保护法》（2017年修订）第二十一条规定："对不可移动文物进行修缮、保养、迁移，必须遵守不改变文物原状的原则。"

在进行文物建筑修缮时，应遵守以下原则（张风亮，2013；赖惟永，2014；GB 50165—92；GB/T 50165—2020）。

(1) 不改变文物原状原则

原状是指一座古建筑开始建造时（以现存主体结构的时代为准）的面貌，或经过后代修理后现存的健康面貌。古建筑的原状是特定历史时期建筑物艺术、文明和科学价值的直接体现，是建筑物原状的丰富内容和可读史料。

总的来讲，在修缮保护过程中应遵循"四保存"原则（GB 50165—92），即保存原来的建筑形制（包括原来建筑的平面布局、造型、法式特征和艺术风格等）、保存原来的建筑结构、保存原来的建筑材料、保存原来的建筑工艺技术。

恢复原状指维修古建筑时，将历史上被改变和已经残缺的部分，在有充分科学依据的条件下予以恢复，再现古建筑在历史上的真实面貌。恢复原状时必须以古建筑现存主体结构的时代为依据。但被改变和残缺部分的恢复，一般只限于建筑结构部分。对于塑像、壁画、雕刻品等艺术品，一般应保存现状。

保存现状是指在原状已无考证或是一时还难以考证出原状的时候所采取的一种原则。保持现状可以留有继续进行研究和考证的条件，待到找出复原的根据以及经费和技术力量充实时再进行恢复也不晚；相反，如果没有考证清楚就去恢复，反而会造成破坏。

我国古建筑学家梁思成先生曾提出"修旧如旧"的观点，也就是说在修缮加固过程中，尽量少干预，使其在维修前后尽量保持原文物的外貌特征，使其承载的历史文化信息能完好存在（张风亮，2013）。

(2) 安全为主的原则

古建筑都有百年以上的历史，即使是石制构件也不可能完整如初，必定有不同程度的风化或走闪，如果以完全恢复原状为原则，不但会花费大量的人力物力，还可能降低建筑的文物价值。因此，普查定案时应以保证建筑安全作为修缮的原则之一。安全与否通常包括两个方面：一是对人是否安全；二是主体结构是否安全。总之，制定修缮方案时应以安全为主，不应轻易以构件表面的新旧为修缮的主要依据。

(3) 不破坏文物价值的原则

任何一座古建筑或任何一件历史文物，都反映着当时社会的生产和生活方式、科学与技术、工艺技巧、艺术风格、风俗习惯等，它们可贵之处就在于它们是历史的产物，是历史的物证。古建筑的文物价值表现在它具有一定的历史价值、科学价值、艺术价值、文化价值以及社会价值（郭志恭，2016）。

文物建筑的构件本身就有文物价值，将原有构件任意改换新件，虽然会很"新"，但可能使很有价值的文物变成了假古董。只要能保证安全，不影响使用，残旧的建筑或许更有观赏价值。

(4) 风格统一的原则

修缮古建筑时要尊重古建筑原有风格、手法，保持历史风貌，做到风格统一。添配的材料应与原有材料的材质相同，规格相同，色泽相仿。补配的纹样图案应尊重原有风格、手法，保持历史风貌。

(5) 应以预防性的修缮为主的原则

以屋顶修缮为例，屋顶是保护房屋内部构件的主要部分，只要屋顶不漏雨，木架就极不容易腐朽。所以修缮应以预防为主，经常对屋顶进行保养和维修，把积患和隐患消灭在萌芽状态之中。

(6) 尽量利用旧料的原则

利用旧料可以节省大量资金。从建筑材料的角度看，有时还能保留原有建筑的时代特征。因此，在修缮时，对于旧的木材、石材、砖瓦材等应合理规范地使用。

(7) 可逆性原则

可逆性原则是指新加的构件或修补均需容易拆除，同时确保在拆除时不损伤文物建筑的本身，以便以后可以采取更先进的技术和更新颖的材料来做更合理、更可靠的修缮保护工作。采用现代技术和材料进行修复时，尽量不使用水泥、改性化学药剂等不可逆材料，尽量不采用胶黏等不可逆的连接结构，不妨碍未来拆除增加的部分，采取更科学合理的修缮措施（赖惟永，2014；张风亮，2013）。

(8) 可识别性原则

可识别性原则指的是任何添加部分都必须跟原来部分有所区别。为了保持古文物建筑的历史真实性，在修缮文物建筑时候，替换或补缺上去的构件或材料，在材质、工艺或形式上都要与原来保存下来的有所区别，不允许"以假乱真"和"天衣无缝"，要有一定的标识，体现一定的识别性。要使人们能够识别哪些是修复的、当代的东西，哪些是过去的原迹，以保存文物建筑的历史可读性和历史艺术见证的真实性（赖惟永，2014；张风亮，2013）。

(9) 干预最小化原则

干预最小化原则是指在维护文物建筑时，只进行必不可少的保护、修缮等措施，最大程度地保护和保持文物建筑的原真性。在具体操作过程中，应当尽可能保留建筑的历史痕迹，保持建筑现有的状态；对于必须采取保护措施的破损部位，在满足使用要求和现行规范的条件下经过维修处理能继续使用的，要保留下来继续使用，只有在结构安全受到威胁的情况下，才考虑更换。总之，修缮过程中要将对古建筑的人为干扰因素降到最低（赖惟永，2014）。

(10) 不改变结构的受力体系的原则

古建筑木结构具有良好的结构受力性能，因此，对结构进行加固之后，应尽量保持结构原有的受力平衡及变形协调条件，不改变原结构的传力路径和受力分配状态（张风亮，2013）。

7.2 修缮措施

7.2.1 大木构架的修缮措施

对于木柱、木梁枋等大木构架，主要的修缮措施有挖补法、嵌补法、局部更换、整体更换、化学加固和机械加固等（表 7-1）。

表 7-1 古建筑主要病害的常用处理对策

构件	病害类型	病害程度	处理对策
木柱	腐朽或虫蛀	柱表面轻微：柱心完好，仅有表层腐朽，且经验算发现剩余截面尚能满足受力要求	挖补和化学防腐：将腐朽部分剔除干净，将相同树种的新木材进行防腐处理后，依原样和原尺寸修补整齐，并用耐水性胶黏剂粘接

续表

构件	病害类型	病害程度		处理对策
木柱	腐朽或虫蛀	柱根严重：自柱底面向上未超过柱高的1/4		局部更换（墩接）和机械加固：先将腐朽部分剔除，再根据剩余部分选择墩接的榫卯式样，墩接后还应加设铁箍，铁箍应嵌入柱内
		柱内中空：柱内部腐朽、蛀空，但表层的完好厚度不小于50mm		化学灌浆加固
		整柱全部严重：木柱严重腐朽、虫蛀或开裂，已丧失承载能力，不能采用修补加固方法处理		全部更换木柱或加辅柱
	干缩裂缝	裂缝深度不超过直径的1/3	劈裂宽度小于3mm	嵌补：腻子填充
			劈裂宽度为3～30mm	嵌补：新木条防腐处理后嵌补，并用耐水性胶黏剂粘牢
			劈裂宽度大于30mm	嵌补和机械加固：新木条防腐处理后嵌补，并用耐水性胶黏剂粘牢，还应在柱开裂段内加铁箍2～3道
		裂缝深度超过直径的1/3	劈裂宽度不超过柱长的1/4	局部更换新柱和机械加固
			劈裂宽度超过柱长的1/4	整体更换新柱
木梁枋	梁枋腐朽或虫蛀	表面局部腐朽和虫蛀；截面面积不超过全截面面积的1/3		挖补或化学灌浆加固
		局部严重腐朽和虫蛀：幅面小于总长的1/4，超过横截面的1/3		局部更换和机械加固：采用对接方式进行局部更换，然后对新老构件连接处进行铁箍加固
		全部严重腐朽和虫蛀：整根构件严重腐朽和虫蛀，已失去承重能力		整体更换
	梁枋干缩裂缝	构件的水平裂缝深度小于梁宽或梁直径的1/4，裂缝长度小于构件长度的1/2		嵌补和机械加固：新木条防腐处理后嵌补，并用耐水性胶黏剂粘牢，再用两道以上铁箍或钢箍箍紧
		构件的裂缝深度等于或超过梁宽或梁直径的1/4，裂缝长度大于构件长度的1/2		验算结果能满足受力要求，仍可采取嵌补和机械加固的方法进行
				验算结果不能满足受力要求，可： a）在梁枋下面支顶立柱； b）更换构件； c）若条件允许，可在梁枋内埋设型钢或其他加固件等
	角梁梁头腐朽、梁尾劈裂	梁头腐朽部分大于或等于挑出长度1/5		更换构件
		梁头腐朽部分小于挑出长度1/5		局部更换和机械加固：可根据腐朽情况另配新梁头，并做成斜面搭接或刻榫对接。接合面应采用耐水性胶黏剂粘接牢固，对斜面搭接还应加两个以上螺栓或铁箍加固
		梁尾劈裂		机械加固：可采用胶黏剂粘接和铁箍加固。梁尾与檩条搭接处可用铁件、螺栓连接
屋面	屋面杂草	局部或全面		人工除草后，随即勾灰堵洞
	构件缺失	少量或全部		按原形制进行补配
	椽子、望板等腐朽、虫蛀	轻微		防腐处理
		严重		整体更换

续表

构件	病害类型	病害程度	处理对策
墙体	泛碱酥化、鼓闪	仅表面层局部泛碱酥化、鼓闪	挖补或拆砌外皮:将泛碱酥化的青砖剔除干净,然后按原墙体砖的规格重新砍制,砍磨后照原样用原做法重新补砌好。应做到新旧砌体咬合牢固,灰缝平直,灰浆饱满,外观保持原样
	裂缝	裂缝较小	勾缝封闭修补、压力灌浆修补,或局部挖镶加筋补强
		裂缝较多、较宽,墙体变形较明显	增设封闭交圈的腰箍或圈梁
	局部倾斜	墙体局部倾斜超过 GB 50165—92 限值	需进行局部拆砌归正时,宜砌筑 1~3m 的过渡墙段与微倾部分的墙壁相衔接

7.2.1.1 挖补法

挖补法通常是针对木构件表面腐朽、虫蛀类病害不严重的情况所采取的一种修缮处理方法(图 7-1)。如:木柱表面局部腐朽和虫蛀深度不超过柱子直径的 1/2,木梁枋的表面局部腐朽和虫蛀深度不超过横截面的 1/3,且不影响承载力时可采用挖补法(GB 50165—92;GB/T 50165—2020;赖惟永,2014)。挖补法处理工艺过程包括:剔除、处理残存部分、粘补及修色(赖惟永,2014)。

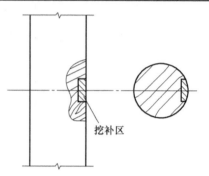

图 7-1 木柱的挖补处理示意图
(赖惟永,2014)

(1)剔除

挖补的第一步就是要将把腐朽、虫蛀部分充分剔除干净,以绝后患,但是要最大限度地保留未腐朽的部分。需剔除部分如果较大,为了便于后期修整,一般把剔除处剔除成规则形状,便于粘补件制作。

(2)处理残存部分

剔除腐朽和虫蛀部分后,残存部分的剔除面需采用化学防腐剂如喷洒水溶性防腐剂 BBP。选用的工具一般为农用喷雾器即可,如果工作量大,也可采用电动喷雾器。喷雾处理一般至少要进行三次,喷一次,待稍干,再喷第二次。为了增强药剂的扩散,可以在喷洒后把木质构件用塑料薄膜包裹起来,同时也可减少药剂的流失。

(3)粘补及修色

针对剔除腐朽处形状不规则的部位,采用环氧树脂和木屑混合物粘补,要求粘补密实,表面形状和原木构件一致,且表面要涂饰成和原木构件相近色;剔除腐朽处若为规则几何形状,采用环氧树脂粘接挖补处相应几何形状木块,木块在使用前应进行防腐处理。

7.2.1.2 嵌补法

嵌补法通常是针对木构件表面裂缝病害进行修缮的一种处理方法(图 7-2),包括立柱类裂缝病害的嵌补处理和木梁枋裂缝的嵌补处理。

当立柱裂缝深度不超过直径的 1/3,劈裂宽度小于 3mm 时,可采用与木柱材质颜色类似的腻子或环氧树脂填补裂缝部位;裂缝宽度在 3~30mm 时,可用木条嵌补,并用耐水性胶黏剂粘牢,然后用类似色腻子腻平;裂缝宽度大于30mm时,除用木条嵌补,并用耐水性胶黏剂粘牢外,还应在柱的开裂段内加铁箍2~3道,然后涂饰上木柱材质类似色(GB 50165—92;GB/T 50165—2020;赖惟永,2014)。

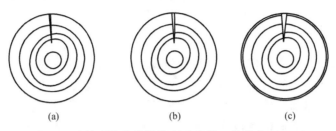

图7-2 木柱裂缝的嵌补处理示意图(赖惟永,2014)

当梁架木质构件裂缝宽度不小于30mm,且为以下情况时采用填补法:顺纹裂缝的深度和宽度不大于截面的1/4,或裂缝长度不大于构件长度的1/2;矩形构件的斜纹裂缝不超过2个相邻表面;圆形构件的斜纹裂缝不大于周长的1/3。此类填补法中,可先用木条镶补,再用环氧树脂黏结剂粘牢,再用类似色腻子腻平,最后用采用机械加固法进行加固处理(GB 50165—92;GB/T 50165—2020;赖惟永,2014)。

7.2.1.3 构件的更换

(1)构件局部更换

对木柱而言,当柱脚腐朽严重,但自柱底面向上未超过柱高的1/4;木柱裂缝深度超过直径的1/3,且劈裂长度不超过柱长的1/4时,可采用局部更换即墩接和机械加固相结合的修缮措施(GB 50165—92;GB/T 50165—2020;赖惟永,2014)。常用木料墩接的式样有以下几种:巴掌榫、抄手榫、平头榫、斜阶梯榫、螳螂榫(GB 50165—92;GB/T 50165—2020;赖惟永,2014)(图1-41,图1-42)。

对横卧的木梁架而言,梁枋局部严重腐朽和虫蛀,幅面小于总长的1/4,超过横截面的1/3时,可采用对接方式进行局部更换。首先剔除腐朽和虫蛀的部分,进行断面锯解,断面表面需进行防腐处理,然后在接头表面涂以环氧树脂胶黏剂,采用相应断面的新木质构件对接,再进行机械加固(GB 50165—92;GB/T 50165—2020;赖惟永,2014)。

(2)构件的整体更换

对于那些确实不可继续使用的木质构件,必须进行拆除,并整体更换。更换时,必须按照原样(包括原木质构件的树种、材质、尺寸、形制、工艺等)进行更换。对木柱而言,柱子全部严重腐朽,已丧失承载能力,需要整体更换新柱;木柱裂缝深度超过直径的1/3,裂缝长度超过柱长的1/4时,需要整体更换新柱;对横卧的木梁架而言,当构件的裂缝深度超过梁宽或梁直径的1/4,裂缝长度大于构件长度的1/2,验算结果不能满足受力要求时需要整体更换构件;若整根构件严重腐朽和虫蛀,已失去承重能力,需要整体更换(GB 50165—92;GB/T 50165—2020;赖惟永,2014)。

7.2.1.4 化学加固

外表完好而内部已成中空的现象多为被白蚁蛀蚀的结果,或者由于原建时选材不当,使用了心腐木材，时间一久，便会出现柱子的内部腐朽。若木柱内部腐朽、蛀空，但表层的完好厚度不小于50mm，或梁枋内部因腐朽中空而截面面积不超过全截面面积的1/3，可采用不饱和聚酯树脂、环氧树脂等化学灌注加固处理（GB 50165—92；GB/T 50165—2020）。

7.2.1.5 机械加固

机械加固一般用于木质构件开裂较轻微情况，也用于受损木质构件修补或者更换后的处理，如立柱和梁枋在大的裂缝嵌补后、木料墩接后均需要进行机械加固处理。机械加固的常用方法有铁箍、增加构件、绑扎法、螺栓连接等。圆形构件裂缝较大时，在进行修补后，需进行铁箍加固；方形构件裂缝较大时，采用增加构件法或绑扎法。加固后需对加固部位进行原木质构件类似色涂饰处理；采用铁箍时，铁箍要镶嵌到木材内，表面与木质构件齐平；螺栓连接的要使螺栓沉到木材内，然后用盖板封住连接孔，以此保持景观上的协调（赖惟永，2014）。

7.2.1.6 化学防腐

古建筑木结构中的木构件中，在适合的条件下，腐朽菌和昆虫会快速滋生，特别是柱根最宜遭受生物的侵害。对于构件的化学防腐处理非常重要（GB 50165—92）：

对于柱脚表层腐朽的处理，剔除朽木后，用高含量水溶性浆膏敷于柱脚周边，并围以绷带密封，使药剂向内渗透扩散。对于柱脚心腐处理，可采用氯化苦熏蒸，施药时，柱脚周边须密封，药剂应能达柱脚的中心部位。一次施药，其药效可保持3~5年，需要时可定期换药。对于柱头及其卯口处的处理，可将浓缩的药液用注射法注入柱头和卯口部位，让其自然渗透扩散。对于古建筑中檩、椽和斗栱的防腐或防虫，宜在重新油漆或彩画前，采用全面喷涂方法进行处理；对于梁枋的榫头和埋入墙内的构件端部，尚应用刺孔压注法进行局部处理。对于屋面木基层的防腐和防虫，应以木材与灰背接触的部位和易受雨水浸湿的构件为重点。对望板、扶脊木、角梁及由戗等的上表面，宜用喷涂法处理；对角梁、檐椽和封檐板等构件，宜用压注法处理；不得采用含氟化钠和五氯酚钠的药剂处理灰背屋顶。对于古建筑中小木做部分的防腐或防虫，应采用速效、无害、无臭、无刺激性的药剂。对门窗，可采用针注法重点处理其榫头部位，必要时还可用喷涂法处理其余部位；新配门窗材若为易虫腐的树种，可采用压注法处理。

7.2.2 屋面的修缮措施

古建筑屋面的维修依据GB 50165—92和GB/T 50165—2020进行：

维修瓦顶时，应勘查屋顶的渗漏情况，根据瓦、椽、望板和梁架等的残损情况，拟订修理方案，并进行具体设计。凡能维修的瓦顶不得揭顶大修。屋顶人工除草后，应随即勾灰堵洞；松动的瓦件，应坐灰粘固。对灰皮剥落、酥裂而宽瓦灰尚坚固的瓦顶维修时，应先铲除灰皮，用清水冲刷后勾抹灰缝；对琉璃瓦、削割瓦应捉节夹垄，青筒瓦应裹垄，均应赶压严实平滑。对底瓦完整，盖瓦松动灰皮剥落的瓦顶维修时，应只揭去盖瓦，扫净灰渣，刷水，将两行底瓦间的空当用麻刀灰塞严，再按原样宽盖瓦。对底瓦松动而出现渗漏的维修,应先揭下盖瓦和底瓦,按原层次和做法分层铺抹灰背,新旧灰背应衔接牢固,并应对灰背缝进行防水处理。当瓦顶局部损坏、木构架个别构件位移或腐朽时,需拆下望板、椽条进行维修。黄琉璃瓦屋面瓦件的灰缝以及捉节夹垄的麻刀灰应掺5%的红土子;绿琉璃瓦和青瓦屋面,均应用月白灰。对历史、艺术价值较高的瓦件应全部保留,如有碎裂,应加固粘牢,再置于原处;碎裂过大难以粘固者,可收藏保存,作为历史资料。阴阳瓦屋顶、干搓瓦顶,以及无灰背的瓦顶应按原样维修,不得改变形制。

7.2.3 墙体的修缮措施

古建筑墙体的维修应根据其构造和残损情况采取修整或加固措施。当允许用现代材料进行墙体的修补加固时,可用于墙体内部;不得改变墙面原砖的尺寸和做法(GB 50165—92和GB/T 50165—2020)。当拆砌砖墙时,在清理和拆卸残墙时,应将砖块及墙内石构件逐层揭起,分类码放;重新砌筑时,应最大限度地使用原砖,并应保持原墙体的构造、尺寸和砌筑工艺。当墙壁主体坚固,仅表面层泛碱酥化、鼓闪,需剔凿挖补或拆砌外皮时,应做到新旧砌体咬合牢固,灰缝平直,灰浆饱满,外观保持原样。当墙体局部倾斜,需进行局部拆砌归正时,宜砌筑1~3m的过渡墙段,与微倾部分的墙体相衔接。拆砌山墙、檐墙时,除应将靠墙的木构件进行防腐处理外,尚应按原状做出柱门、透风。对有历史价值的夯土墙、土坯墙,应按原状保护。维修时应按原墙体的层数、厚度、夯筑或砌筑方式,以及拉结构件的材料、尺寸和布置方法进行。墙面抹灰维修时,应按原灰皮的厚度、层次、材料比例、表面色泽,赶压坚实平整。刷浆前应先做样色板,有墙边的墙面应按原色彩、纹样修复。

7.2.4 木装修的修缮措施

古建筑木装修的维修依据GB 50165—92进行:

古建筑小木作的修缮,应先做形制勘查;对具有历史、艺术价值的残件,应照原样修补拼接加固或照原样复制;不得随意拆除、移动、改变门窗装修。修补和添配小木作构件时,其尺寸、榫卯做法和起线形式应与原构件一致,榫卯应严实,并应加楔、涂胶加固。小木作中金属零件不全时,应按原式样、原材料、原数量添配,并置于原部位;为加固而新增的铁件应置于隐蔽部位。小木作表面的油饰、漆层、打蜡等,若年久褪光,勘查时应仔细识别,并记入勘查记录中,作为维修设计和施工的依据。

7.2.5 地面的修缮措施

对于室外地面的处理:清理地面杂草、灰土,清除原地面损毁严重的阶砖、水泥地面,恢复原地面的铺砖。对于室内地面的处理:清除原地面损毁严重的阶砖、水泥地面,恢复原地面铺砖。对于散水的处理:结合院落地势高差,院内增设排水系统,用砖砌排水道,散水缺失的按原形制补配。踏跺缺失的用环氧树脂按原形制粘接补配。对于阶条石断裂,采用水泥涂抹的,应铲除水泥修补,采用环氧树脂粘接。

7.3 各大殿修缮设计方案

7.3.1 天王殿修缮设计方案

天王殿修缮设计方案见附录1和附录3。

(1) 木构架(木构架整体性、木梁枋、木柱)

天王殿东次间五架梁下置的随梁出现干缩裂缝,且五架梁上有鸟屎。应及时清理梁架上鸟屎,新木条在防腐处理后嵌补于裂缝处,并用耐水性胶黏剂粘牢,再用两道以上铁箍或钢箍箍紧。

背立面檐柱和金柱上油饰起皮脱落,应恢复脱落地仗层及油饰。

明间右后檐柱根部、西稍间右后檐柱根部出现表面局部腐朽。经鉴定,这两根木柱采用的是红栎木材(图5-1和图5-2),所以应首先将腐朽部分剔除干净,将新红栎木材在进行防腐处理后,依原样和原尺寸修补整齐,并用耐水性胶黏剂粘接。

(2) 屋面

天王殿屋面使用的是小青瓦,部分屋面长草,滴水瓦部分缺失较多,正立面垂脊头部缺失2个。应人工小心清除长草屋面的小草,铲除水泥修补过的瓦件,并按原形制补配缺失的滴水瓦件,按照原状补配缺失的垂脊头部。

另外,大连檐腐朽弯曲、飞椽部分腐朽、望板腐朽,应整体更换大连檐,对部分腐朽飞椽和望板进行化学防腐处理。

(3) 墙体

天王殿西侧立面、东侧立面山墙局部墙体青砖出现泛碱酥化脱落现象,应将泛碱酥化的青砖剔除干净,然后按原墙体砖的规格重新砍制,砍磨后照原样用原做法重新补砌好。

东侧立面墙体出现长约3m、宽1~2mm的裂纹,应采用与原砌体相同的勾缝材料进行修补。

正立面西稍间墀头部分坍塌,按照建筑东侧现存墀头样式进行恢复。

正立面墙面上有后期人为添加的宣传字画,这些宣传字画在一定程度上破坏了建筑原有墙面的形象,应铲除后期墙面上添加的宣传字画。

(4) 木装修

正立面明间木板门下槛腐朽、破损严重,应对其进行修补后再进行化学防腐处理。

背立面明间门窗部分腐朽、破损,走马板变形,油饰起皮脱落,应对腐朽的门窗进行化学防腐处理,更换走马板,恢复脱落的油饰。

背立面东稍间雀替缺失且东次间雀替残损,缺失的雀替应按照原状补配,残损的雀替按原状进行修补。

背立面东稍间横披破损,应按原状补配。

背立面明间格栅门绦环板弯曲起翘,可更换新的格栅门绦环板。

(5) 地面

建筑正立面阶条石之间用水泥衔接,与原有形制不符,应铲除阶条石之间的水泥,采用环氧树脂黏结材料进行衔接。

室内与廊道均为水泥铺地,与原有形制不符,可铲除水泥铺地,参照大雄宝殿砖块铺装做法恢复地面原铺装。

背立面东、西次间水泥踏步破损,根据原状补全。

背立面为水泥铺的散水,应铲除水泥铺的散水,参照大雄宝殿长条砖散水铺装做法恢复天王殿背立面和东、西侧散水铺装。

7.3.2 大雄宝殿修缮设计方案

大雄宝殿修缮设计方案见附录1和附录3。

(1) 木构架(木构架整体性、木梁枋、木柱)

大雄宝殿西次间和西稍间三架梁和五架梁、前廊檐梁架存在鸟粪、灰尘等脏物,应及时清理。

西次间五架梁梁架有明显的干缩裂缝,应对新木条防腐处理后嵌补,并用耐水性胶黏剂粘牢,再用两道以上铁箍或钢箍箍紧。

正立面檐柱和金柱油饰起皮,应恢复脱落油饰。

明间左檐柱根部有轻微腐朽,应将腐朽部分剔除干净,将新红栎木材进行防腐处理后,依原样和原尺寸修补整齐,并用耐水性胶黏剂粘接。

明间右檐柱上有钉子钉入现象,属于人为破坏,需去除柱子上的钉子。

东稍间左檐柱柱根有墩接处理,历代维修出现开裂,该处油饰已脱落,可采用铁箍进行再加固,并恢复脱落油饰。

东稍间内山墙中间的柱身开裂严重,应将新木条在防腐处理后嵌补,并用耐水性胶黏剂粘牢,再用两道以上铁箍或钢箍箍紧。

(2) 屋面

大雄宝殿正立面明间前檐檐头滴水瓦件缺失2个,正立面东稍间前檐檐头滴水瓦件缺失1个,应按原形制补配。

部分椽头和大连檐轻微开裂、腐朽,应对其进行化学防腐处理。

(3) 墙体

东侧山墙、西侧山墙以及后檐墙有轻微泛碱酥化,应将泛碱酥化的青砖剔除干净,然后按原墙体砖的规格重新砍制,砍磨后照原样用原做法重新补砌好。

西侧山墙白塑山花小部分脱落,按原形制修补脱落的山花。

(4) 木装修

正立面门窗有轻微变形,门窗表面有脏物,应清理门窗上的脏物,对门窗隔扇变形进行修正后归安。

匾额有轻微裂缝,可用腻子填充裂缝。

(5) 地面

室内、外地面铺砖基本完好,但有部分杂草,应清除杂草。

7.3.3 毗卢殿修缮设计方案

毗卢殿修缮设计方案见附录1和附录3。

(1) 木构架（木构架整体性、木梁枋、木柱）

毗卢殿西稍间左五架梁和西次间左五架梁有干缩裂缝，宽度约为 10mm，应将新木条防腐处理后嵌补，并用耐水性胶黏剂粘牢，再用两道以上铁箍或钢箍箍紧。

西稍间梁架、明间以及东次间廊架梁架单步梁后期添加木支撑，与建筑廊间原有的单步梁形制不符，属于不当修缮，应按原有形制配置。

正立面檐柱和金柱油饰起皮、开裂脱落，应恢复脱落油饰。

正立面次间左前金柱根部被白蚁啃食，出现大面积破坏，影响到正常受力，应先将腐朽部分剔除，再对新的红栎进行防腐处理，采用巴掌榫进行墩接后还应加设铁箍以对其加固。

正立面檐柱和金柱柱身上有乱涂乱写现象，属于人为破坏，应去除柱子上被涂写的大量字迹。

(2) 屋面

背立面东侧部分滴水瓦件脱落，飞椽以及望板有轻微腐朽，应按原形制补配滴水瓦件，对轻微腐朽的构件进行化学防腐处理。

东侧立面后檐排山勾滴使用 4 个琉璃制勾头，与建筑形式不符，排山勾滴的 4 个琉璃制勾头应更换成原形制的勾头。

(3) 墙体

建筑后檐墙墙体开裂处使用水泥涂抹，与建筑原有青砖墙面形制不符，应将其铲除，采用环氧树脂进行粘接。

东侧立面、西侧立面墙山墙部分红砖泛碱酥化，应将泛碱酥化的红砖剔除干净，然后按原墙体砖的规格重新砍制，砍磨后照原样用原做法重新补砌好。

西侧立面墙体开裂处使用水泥涂抹，与建筑原有青砖墙面形制不符，应铲除水泥涂抹处，采用环氧树脂进行粘接。

(4) 木装修

正立面门窗有严重的乱涂乱写现象，应铲除门窗以及抱框上被涂写的大量字迹。

正立面门框上有脏物，应及时清理。

正立面西次间门下槛大面积被白蚁啃蚀，已不适合继续使用，经鉴定该下槛为桦木木材，用桦木木材整体更换。

背立面明间双开格栅门现已经停止使用，使用木棍封堵；双开格栅门木下槛严重腐朽，腐朽厚度约为 8mm，现使用砖块添补。应拆除后期所添加木棍，恢复双开格栅门功能；拆除原有下槛，按照建筑原有形制更换；移除添补砖块，按照原有形制恢复木装修活动下槛。

(5) 地面

室内外地面均为水泥地面，与原有形制不符，应铲除水泥铺地，参照大雄宝殿砖块铺装做法恢复地面原铺装。

明间廊檐地面使用水泥涂抹修补，与建筑原有形制不符，应铲除水泥涂抹修补面层，采用环氧树脂进行粘接。

建筑东、西侧立面以及北侧散水铺装缺失，现为灰土地面且杂草丛生，应清理杂草，平整夯实地面，参照大雄宝殿方砖散水铺装做法恢复原散水铺装；砖砌陡板青砖泛碱酥化，应将泛碱酥化的青砖剔除干净，然后按原墙体砖的规格重新砍制，砍磨后照原样用原做法重新补砌好。

7.3.4 玉佛殿修缮设计方案

玉佛殿修缮设计方案见附录1和附录3。
（1）木构架（木构架整体性、木梁枋、木柱）
玉佛殿明间左五架梁上鸟粪堆积，应及时清理。
西稍间廊檐檐檩也有明显劈裂，构成残损，应用新木条防腐处理后嵌补，并用耐水性胶黏剂粘牢，再用两道以上铁箍或钢箍箍紧。
正立面明间柱子油饰开裂脱落，应恢复脱落油饰。
正立面西稍间右前檐柱柱身以及柱头均有竖向干缩裂缝，裂缝宽度已影响到结构的安全，应用新木条防腐处理后嵌补，并用耐水性胶黏剂粘牢，再用两道以上铁箍或钢箍箍紧。
正立面东稍间左前檐柱柱身有细微的竖向干缩裂缝，暂不影响结构的稳定性，用新木条防腐处理后嵌补即可。
（2）墙体
东、西侧立面山墙、后稍间檐墙在2009年修缮时全部更新为小青砖墙，应进行墙面颜色的整体统一。
（3）木装修
门窗扇后刷漆零星起翘脱落，应恢复脱落油饰。
檐枋上部分彩画褪色脱落，应恢复脱落彩画。
明间下槛腐朽、破坏严重，油漆脱落，应进行防腐、防虫蚁处理，再恢复脱落油饰。
（4）地面
东次间的阶条石断裂，可采用环氧树脂粘接。
西稍间的阶条石用水泥粘接涂抹，破坏了原有建筑形制，应铲除阶条石之间的水泥，采用环氧树脂黏结材料进行粘接。

7.3.5 天然祖堂修缮设计方案

7.3.5.1 天然祖堂——前厅（祖师殿）修缮设计方案

天然祖堂——前厅修缮设计方案见附录1和附录3。
（1）木构架（木构架整体性、木梁枋、木柱）
天然祖堂前厅（祖师殿）明间左、右四架梁上面有大量的灰尘和鸟屎，且存在干缩裂缝，左四架梁后梁头部分缺失，应清理梁上的灰尘和鸟屎，将新木条防腐处理后对裂缝进行嵌补并用耐水性胶黏剂粘牢，对缺失梁头进行粘补。
四根木柱子油饰开裂脱落，应恢复脱落油饰。
明间左后檐柱、右后檐柱根部以及柱身完全被蛀空，应将新的枫杨木材进行防腐防虫处理，替换已全部蛀空的原柱。

右前檐柱有维修过的痕迹，机械加固该墩接部分。

左前檐柱出现向外弯曲现象，存在非常大的安全隐患，构成严重残损，应及时对明间左后檐柱、右后檐柱进行整体更换以分担该檐柱的不均匀受力。

(2) 屋面

前坡屋面已出现下沉现象，前檐口部分大量泥背已经脱落，应补配脱落的泥背，重新做屋面；正立面明间和东侧次间，背立面东次间、明间和西次间滴水瓦件脱落较多，应按原形制补配所缺失滴水瓦件。

正立面东次间和明间的大连檐以及檐头严重腐朽，大连檐东端部已经完全脱离原有位置，起翘弯曲，存在漏雨现象，应对腐朽严重的大连檐进行整体更换。

(3) 墙体

东、西两侧立面山墙室内墙面抹白局部脱落，按原做法重做脱落的面层。

(4) 地面

月台表面、前厅地面均为水泥地面，磨损严重，应铲除水泥铺地，参照大雄宝殿砖块铺装做法恢复地面原铺装。

正立面与东、西侧立面处地面无散水，且杂草丛生，应清除杂草，参照大雄宝殿砖块铺装做法恢复原散水铺装。

7.3.5.2 天然祖堂——后殿修缮设计方案

天然祖堂——后殿修缮设计方案见附录1和附录3。

(1) 木构架（木构架整体性、木梁枋、木柱）

明间左五架梁有干缩裂缝，宽度为10mm，梁架落有大量灰尘，应清理梁架上的灰尘，然后将新木条防腐处理后嵌补，并用耐水性胶黏剂粘牢。

(2) 屋面

东次间、明间前檐及背立面屋面滴水瓦件缺失严重，应按原形制补配所有缺失的滴水瓦件。

前檐部分大连檐腐朽弯曲，飞椽部分腐朽，对腐朽严重的大连檐进行整体更换。

(3) 墙体

西侧立面砖墙、东次间内部后檐山墙有明显的裂缝，应采用与原砌体相同的勾缝材料。

后檐墙墙体是土坯墙，部分土坯砖缺失残损，面层大面积脱落，应按原做法补配脱落土坯墙砖。

重新涂抹脱落的面层。

(4) 木装修

明间木板门底部腐朽严重，油漆起皮脱落，门槛缺失，应对木板门底用防腐防虫处理后的柳木木材局部更换，恢复脱落油饰。

门框下部腐朽严重，连槛丢失；窗户棂条受虫蛀蚀，窗框部分开裂、漆皮脱落 [图4-26 (c)]。这些均构成残损，木板门底应局部更换，用防腐防虫处理后的榆木木材整体更换门框，补充新的连槛，窗户棂条做防虫蚁处理，恢复脱落油饰。

(5) 地面

地面为水泥地面并且局部残损，应铲除水泥铺地，参照大雄宝殿砖块铺装做法恢复地面原铺装；西侧立面以及背立面无散水，杂草丛生，排水不畅，应清除杂草，参照大雄宝殿砖块铺装做法恢复原散水铺装。

7.3.5.3 天然祖堂——耳房修缮设计方案

天然祖堂——耳房修缮设计方案见附录1和附录3。

(1) 木构架（木构架整体性、木梁枋、木柱）

梁架被后期拉的塑料布吊顶遮挡，应拆除塑料布吊顶，以恢复原状。

(2) 屋面

正立面、背立面滴水瓦件缺失严重，应按原形制补配滴水瓦件。

正立面椽子中心受虫蛀，有孔洞。对于有孔洞的椽子进行化学灌浆加固处理。

(3) 墙体

正立面、东侧立面、背立面墙体均为土坯墙，部分土坯砖残损缺失严重，上面涂抹的面层大部分脱落，应按原做法补配脱落墙砖。

围墙受潮严重且有开裂，重新涂抹脱落的面层，清理围墙上的脏物。

(4) 木装修

木板门门槛和抱框腐朽严重，应用杨木木材整体更换。

(5) 地面

室内地面为水泥铺地，东侧立面以及背立面无散水，为灰土地面，排水不畅，应清除杂草，铲除水泥铺地，参照大雄宝殿砖块铺装做法恢复地面原铺装。

7.4 本章小结

结合丹霞寺古建筑法式勘查、残损的宏观勘查、劣化木构件树种的鉴定以及木构件材质劣化程度的细胞壁微观分析，提出适宜的丹霞寺古建筑修缮方案，结论如下：

① 对于五大主殿木柱及木梁枋出现的较小的干缩裂缝应采用嵌补法进行处理，较宽的干缩裂缝（玉佛殿）除了嵌补外，还应采用机械加固法进行加固。对于木柱及木梁枋出现的局部腐朽采用挖补法进行处理；对于腐朽或虫蛀较为严重的木柱（毗卢殿）采用巴掌榫木料墩接的方法进行处理；而对于柱身完全被蛀空的（天然祖堂前厅），应采用防腐处理后的枫杨木材进行替换处理。对于木柱上油饰起皮脱落，应恢复脱落地仗层及油饰。对于柱身上的乱涂乱写应予以去除。

② 滴水瓦件缺失的，均应按原形制补配。排山勾滴使用琉璃制勾头的（毗卢殿），应更换成原形制的勾头。屋面已出现下沉现象的（天然祖堂前厅），应重新做屋面。部分椽头和大连檐轻微腐朽，应对其进行化学防腐处理，对腐朽严重的应进行整体更换。

③ 对于墙体局部泛碱酥化现象，应按原墙体砖的规格重新补砌。墙体出现的细小裂缝，应采用相同的勾缝材料进行修补。墙体开裂处使用现代水泥涂抹的，应将其铲除并采用环氧树脂进行粘接。墙面颜色应进行整体统一。

④ 木装修局部腐朽，应对其进行化学防腐处理。雀替等小构件缺失或残损的，应按照原状补配或修补。对于门窗有轻微变形，门窗表面有脏物的现象，应清理门窗上的脏物，对变形门窗进行修正后归安。门窗以及抱框上被涂写的大量字迹应铲除。檐枋上部分彩画褪色脱落，应恢复脱落彩画。

⑤ 室内外地面与散水用水泥铺地并有部分杂草的，应铲除水泥铺地并清除杂草，参照大雄宝殿砖块铺装做法恢复地面原铺装。地面无散水的，也参照大雄宝殿砖块铺装做法恢复原散水铺装。阶条石用水泥粘接涂抹的，应予以铲除并采用环氧树脂粘接。

第8章

结果与讨论

8.1 结果

本书在对我国古建筑形式及特点、木材的构造及性能、木材的生物损害、古建筑木结构材质状况勘查评估（古建筑残损情况勘查的内容、古建筑可靠性鉴定）、古建筑木结构修缮技术（立柱、木梁枋、木构架整体、斗栱等的维修技术）等相关基础知识进行介绍的基础上，以丹霞寺古建筑主轴线上五个大殿——天王殿、大雄宝殿、毗卢殿、玉佛殿以及天然祖堂为研究对象，对丹霞寺古建筑的时代特征、结构特征、构造特征进行了分析和研究，获取了丹霞寺古建筑的形制特点；采用宏观勘查的方法对丹霞寺古建筑的残损情况进行了全面的勘查，并结合外部环境因子，获取了丹霞寺古建筑所出现的残损状况及出现残损的外在原因；采用生物显微镜观察的方法对劣化木构件的微观构造进行了全面的观察和鉴定，获取了丹霞寺木构件的用材特征及出现残损的内在原因；采用偏光和荧光的分析方法对劣化木构件细胞壁的劣化进行了原位分析，获取了丹霞寺木构件材质劣化发生的部位及劣化程度的定性分析；采用FTIR方法对劣化木构件细胞壁的化学成分降解程度进行了分析，获取了丹霞寺木构件材质劣化机制以及劣化程度的定量分析；结合以上法式勘查、宏观残损勘查、树种的鉴定、劣化木构件材质的解剖构造及化学成分的降解等内容的分析，提出了适宜的古建筑修缮方案，为后续丹霞寺古建筑的修缮施工提供依据。

本书的研究结论如下。

1）通过对丹霞寺主轴线上五个大殿——天王殿、大雄宝殿、毗卢殿、玉佛殿以及天然祖堂的时代特征、结构特征、构造特征的分析研究，得出：

① 柱子的排列、柱的式样、柱侧脚与生起、柱础、梁架以及门窗等的做法，进一步印证五大殿建筑均为明清建筑。

② 五大殿中天王殿、大雄宝殿、毗卢殿的建筑结构均为抬梁式的木结构骨架体系；而玉佛殿和天然祖堂前厅为木构架与墙体混合承重体系；天然祖堂后殿房屋无檐廊，前后檐墙直接承托屋架大柁，山墙直接承托檩条，四面墙壁都承重，为墙体承重体系。

③ 五大殿的前檐柱与前金柱、前金柱与内柱常采用单步梁连接，有穿插枋或无；内柱与后金柱常设五架梁，其上置两瓜柱，连接其上的三架梁，其上置脊瓜柱，脊瓜柱上托脊檩；后檐柱与后金柱常采用单步梁或双步梁连接；屋面均采用灰色青瓦覆盖；墙体采用"多层一丁"砖块垒砌，后檐封护檐墙；木装修采用板门和隔扇门相结合的形式，"一码三箭"式"四开六抹"隔扇门及"一码三箭"式"四开四抹"隔扇窗。

2) 通过对丹霞寺主轴线上五个大殿——天王殿、大雄宝殿、毗卢殿、玉佛殿以及天然祖堂的残损情况全面勘查，得出：

① 天王殿梁架结构基本完好，五架梁下置的随梁有明显的干缩裂缝；部分檐柱根部出现不同程度的腐朽；滴水瓦件脱落缺失严重；室内与廊道均为水泥铺地；水泥散水或灰土地面。天王殿按结构可靠性为Ⅱ类建筑，为经常性的保养工程。

② 大雄宝殿梁架结构基本完好，五架梁有干缩裂缝；檐柱根部有轻微腐朽；滴水瓦件部分缺失。大雄宝殿按结构可靠性为Ⅱ类建筑，为经常性的保养工程。

③ 毗卢殿梁架结构基本完好，五架梁有干缩裂缝；金柱柱根、门下槛大面积被白蚁啃食，影响到正常受力；滴水瓦件部分脱落；后檐排山勾滴使用4个琉璃制勾头；室内外地面均为水泥地面，建筑东、西侧散水为灰土地面且杂草丛生。毗卢殿按结构可靠性为Ⅱ类建筑，为经常性的保养工程。

④ 玉佛殿梁架结构基本完好，檐柱柱身以及柱头有竖向干缩裂缝，裂缝宽度已影响到结构的安全。玉佛殿按结构可靠性为Ⅱ类建筑，为经常性的保养工程。

⑤ 天然祖堂前厅四架梁、童柱存在干缩裂缝以及虫眼；左后檐柱、右后檐柱根部完全被蛀空，导致左前檐柱明显出现向外弯曲现象，随时有坍塌的危险；前坡屋面已出现明显的下沉现象；滴水瓦件局部脱落缺失严重，大连檐以及檐头腐朽严重；地面为水泥铺地。天然祖堂前厅为Ⅳ类建筑，为抢救性维修工程。后殿滴水瓦件缺失严重，前檐部分大连檐腐朽弯曲，飞椽部分腐朽；后檐墙土坯砖缺失严重；地面为水泥铺地。后殿为Ⅲ类建筑，为重点维修工程。耳房滴水瓦件缺失严重，前檐部分大连檐腐朽弯曲，飞椽部分腐朽；后檐墙土坯砖缺失严重；地面为水泥铺地。耳房为Ⅲ类建筑，为重点维修工程。

3) 采用生物显微镜观察的方法对试样 No.1～No.9 的微观构造进行了全面的观察和鉴定，并对其腐朽和虫蛀的内在原因进行了分析，得出：

① 木构件 No.1、No.2、No.3 属于壳斗科（*Fagaceae*）红栎（*Quercus* spp.）木材；木构件 No.4 属于桦木科（*Betulaceae*）桦树（*Betula* sp.）木材；木构件 No.5、No.6 属于核桃科（*Juglandaceae*）枫杨（*Pterocarya* sp.）木材；木构件 No.7 属于杨柳科（*Salicaceae*）柳树（*Salix* sp.）木材；木构件 No.8 属于榆科（*Ulmaceae*）榆树（*Ulmus* sp.）木材；木构件 No.9 属于杨柳科（*Salicaceae*）杨树（*Populus* sp.）木材；

② 通过对丹霞寺木构件森林资源分布的调查，发现这些树种在南阳区域广泛分布，为南阳本土树种。考虑到古建筑师一般遵循"就地选材"的原则，所以这些本土树种被古建筑师们大量地应用在丹霞寺古建筑上。这几种木材自身耐腐朽和耐虫蛀的能力较低，特别容易遭受到腐朽菌、昆虫的侵害。这也是在相同环境条件下，它们表现出耐劣化能力低的一个重要的原因。另一个重要的原因可能是这些木构件在使用前没有进行防腐、防虫等相关处理，导致了它们在使用多年后的腐朽或虫蛀非常严重的劣化现象。

4) 通过对红栎、桦木、枫杨、柳木、榆木和杨木木构件材质劣化的微观观察以及化学成分的分析，得出：

① 通过微观观察，发现红栎木构件中导管、木纤维、木射线等细胞壁中结晶纤维素折射亮度均不明显，说明这些细胞壁遭到腐朽菌严重侵害，导致了纤维素含量的降低，而这些细胞壁中木质素保留丰富，推测红栎木构件被褐腐菌侵蚀严重；发现桦木和枫杨木构件被白蚁严重啃蚀，另外导管、木纤维、木射线等细胞壁中结晶纤维素折射亮度均不明显，说明这些细胞壁遭到腐朽菌严重侵害，导致了纤维素含量的降低，而这些细胞壁中木质素保留丰富，推测桦木和枫杨木构件被褐腐菌侵蚀严重；而榆木、柳木和杨木被白蚁严重啃蚀，但受腐朽菌的侵蚀不明显，仍然保留着丰富的纤维素和木质素成分，推测榆木、柳木和杨木木构件受腐朽菌侵蚀轻微或没有受到来自腐朽菌的侵害。

② 通过对红栎、柳木、榆木、杨木、桦木和枫杨木构件的 FTIR 分析，发现红栎、桦木和枫杨木构件的纤维素、半纤维素吸收峰强度明显地降低，而木质素吸收峰强度增幅均较大；同时还发现，这三种木构件的综纤维素相对含量指标值（H1735/H1508、H1374/H1508、H1158/H1508、H897/H1508）以及结晶纤维素指标值（H1374/H2900、H1424/H897）保持着较高的降低量，而木质素相对含量指标值（H1508/H1735、H1508/H1374）保持着较高的增加量。这些结果均说明红栎腐朽材受褐腐菌侵害较为严重，而桦木和枫杨木材在被昆虫蛀蚀的过程中，也遭受到褐腐菌较大程度的侵害。另外，柳木、榆木、杨木这三种木构件的纤维素、半纤维素以及综纤维素吸收峰强度变化程度不大，综纤维素相对含量指标值、结晶纤维素指标值、木质素相对含量指标值的变化幅度均较小，说明这三种木构件在被昆虫蛀蚀的过程中，遭受到褐腐菌侵害的程度较小。

5) 结合丹霞寺古建筑法式勘查、残损的宏观勘查、劣化木构件树种的鉴定以及木构件材质劣化程度的细胞壁微观分析，提出适宜的丹霞寺古建筑修缮方案：

① 对于五大主殿木柱及木梁枋出现的较小的干缩裂缝，应采用嵌补法进行处理；较宽的干缩裂缝（玉佛殿）除了嵌补外，还应采用机械加固法进行加固。对于木柱及木梁枋出现的局部腐朽，采用挖补法进行处理；对于腐朽或虫蛀较为严重的木柱（毗卢殿），采用巴掌榫木料墩接的方法进行处理；而对于柱身完全被蛀空的（天然祖堂前厅），应采用防腐处理后的枫杨木材进行替换处理。对于木柱上油饰起皮脱落，应恢复脱落地仗层及油饰。对于柱身上的乱涂乱写应予以去除。

② 滴水瓦件缺失的，均应按原形制补配。排山勾滴使用琉璃制勾头的（毗卢殿），应更换成原形制的勾头。屋面已出现下沉现象的（天然祖堂前厅），应重新做屋面。部分椽头和大连檐轻微腐朽，应对其进行化学防腐处理，对腐朽严重的应进行整体更换。

③ 对于墙体局部泛碱酥化现象，应按原墙体砖的规格重新补砌。墙体出现的细小裂缝，应采用相同的勾缝材料进行修补。墙体开裂处使用现代水泥涂抹的，应将其铲除并采用环氧树脂进行粘接。墙面颜色应进行整体统一。

④ 木装修局部腐朽的，应对其进行化学防腐处理。雀替等小构件缺失或残损的，应按照原状补配或修补。对于门窗有轻微变形，门窗表面有脏物的现象，应清理门窗上的脏物，对变形门窗进行修正后归安。门窗以及抱框上被涂写的大量字迹应铲除。檐枋上部分彩画褪色脱落，应恢复脱落彩画。

⑤ 室内外地面与散水用水泥铺地并有部分杂草的，应铲除水泥铺地并清除杂草，参照大雄宝殿砖块铺装做法恢复地面原铺装。地面无散水的，也参照大雄宝殿砖块铺装做法

恢复原散水铺装。阶条石用水泥粘接涂抹的，应予以铲除并采用环氧树脂粘接。

8.2 讨论

　　本书结合法式勘查、宏观残损勘查、树种的鉴定、劣化木构件材质的解剖构造及化学成分的降解等内容的分析，提出了适宜的古建筑修缮方案，为后续丹霞寺古建筑的修缮施工提供依据。但还存在着以下不足以及有待继续研究之处。

　　① 本书采用宏观的目测方法对丹霞寺古建筑主轴上的五大殿的残损情况进行了详细的勘查，对于目测看到的表面残损以外的"内部可能残损"没能进行相关的探测，建议后续继续开展木构件的全面无损检测，从而分析木构件内部是否存在残损，为材质劣化的更全面、更科学的评估提供更可靠的基础数据。

　　② 本书仅对丹霞寺古建筑主轴上的五大殿进行了法式勘查、宏观残损勘查、树种鉴定以及微观残损勘查并提出适宜的修缮方案，对于主轴两侧的侧殿没有展开相关工作，建议后续继续开展侧殿的法式勘查、残损勘查、树种鉴定、修缮方案制定等相关工作。

附 录

附录1 丹霞寺古建筑各大殿残损现状及修缮措施表

建筑单体	建筑位置	残损现状	残损原因	维修处理措施
天王殿	木构架（木构架整体性、木梁枋、木柱）	1. 背立面东次间五架梁下置的随梁干缩裂缝宽度约为10mm，五架梁上有鸟屎堆积[图4-1(a)]； 2. 背立面檐柱、金柱无地仗，油饰起皮、开裂脱落[图4-1(c)~(i)]； 3. 明间右后檐柱根部出现腐朽，深度约为15mm，高度约为190mm[图4-1(g)]； 4. 西稍间右后檐柱根部出现腐朽，深度约为20mm，高度约为220mm[图4-1(e)]	1. 自然破坏 2. 自然破坏 3. 自然破坏+材质因素 4. 自然破坏+材质因素	1. 清理梁架上鸟屎；嵌补和机械加固；新木条防腐处理后嵌补，并用耐水性胶黏剂粘牢，再用两道以上铁箍或钢箍箍紧； 2. 恢复脱落地仗层及油饰； 3. 挖补和化学防腐：将腐朽部分剔除干净，将新红栎木材进行防腐处理后，依照原样和原尺寸修补整齐，并用耐水性胶黏剂粘接 4. 挖补和化学防腐：将腐朽部分剔除干净，将新红栎木材进行防腐处理后，依照原样和原尺寸修补整齐，并用耐水性胶黏剂粘接
	屋面	5. 正立面滴水瓦件脱落缺失13个，其中4个用水泥修补过，滴水瓦件破损3个[图4-2(b)]； 6. 正立面垂脊头部缺失2个[图4-2(c)]； 7. 正立面西稍间大连檐腐朽弯曲，飞椽部分腐朽，望板腐朽[图4-2(d)]； 8. 背立面东稍间屋面长草，滴水瓦件缺失3个[图4-2(a)]	5. 年久失修 6. 年久失修 7. 自然破坏+材质因素 8. 年久失修	5. 铲除水泥修补过的瓦件，按原形制补配滴水瓦件； 6. 按照原状补配垂脊头部； 7. 整体更换大连檐，对腐朽飞椽和望板进行化学防腐处理； 8. 人工小心清除小草，不允许对屋面构件产生破坏；按原形制补配滴水瓦件
	墙体	9. 西侧立面[图4-3(b)]、东侧立面[图4-3(c)]山墙局部墙体青砖泛碱酥化脱落，泛碱酥化面积约4m²，最深达45mm； 10. 东侧立面墙体有长约3米，宽1~2mm的裂缝[图4-3(a)、(c)]； 11. 正立面西稍间墀头部分坍塌[图4-3(d)]； 12. 正立面墙面上有后期添加的宣传字画[图4-3(e)]，破坏了建筑原有的青砖墙面	9. 自然破坏 10. 自然破坏 11. 年久失修 12. 人为破坏	9. 挖补：将泛碱酥化的青砖剔除干净，然后按照原墙体砖的规格重新砍制，砍磨后照原样用原做法重新补砌好； 10. 采用与原砌体相同的勾缝材料； 11. 按照建筑东侧现存墀头样式进行恢复； 12. 铲除后期墙面添加的宣传字画

续表

建筑单体	建筑位置	残损现状	残损原因	维修处理措施
天王殿	木装修	13. 正立面明间木板门下槛腐朽、破损严重[图 4-4(a)]； 14. 背立面明间门窗部分腐朽、破损，油饰起皮脱落[图 4-4(b)]； 15. 背立面东稍间雀替缺失，东次间雀替残损[图 4-4(c)]； 16. 背立面东稍间横披破损[图 4-4(c)]； 17. 背立面明间格栅门绦环板弯曲起翘[图 4-4(d)]	13. 自然破坏+材质因素 14. 自然破坏+材质因素 15. 年久失修 16. 年久失修 17. 年久失修	13. 修补后化学防腐处理； 14. 对腐朽的门窗进行化学防腐处理；恢复脱落的油饰； 15. 缺失的雀替按原状补配；残损的雀替按原状进行修补； 16. 补配破损横披； 17. 更换格栅门绦环板
	地面	18. 建筑东侧有一个阶条石出现裂缝，正立面阶条石之间用水泥衔接，与原有形制不符[图 4-5(a)]； 19. 室内与廊道均为水泥铺地，与原有形制不符[图 4-5(b)~(e)]； 20. 背立面东、西次间水泥踏步破损[图 4-5(d)、(e)]； 21. 背立面为水泥铺的散水[图 4-5(d)、(e)]，建筑东侧和西侧均为灰土地面[图 4-3(c)]	18. 不当修缮 19. 不当修缮 20. 自然破坏 21. 不当修缮	18. 用环氧树脂粘接阶条石；铲除阶条石之间的水泥，采用环氧树脂黏结材料进行衔接； 19. 铲除水泥地，参照大雄宝殿砖块铺装做法恢复地面原铺装； 20. 补全踏步； 21. 铲除水泥铺的散水，参照大雄宝殿长条砖散水铺装做法恢复天王殿背立面和东、西侧散水铺装
大雄宝殿	木构架（木构架整体性、木梁枋、木柱）	1. 西次间[图 4-6(a)]和西稍间[图 4-6(b)]三架梁和五架梁、前廊檐[图 4-6(c)]梁架存在鸟粪、灰尘等脏物； 2. 西次间五架梁[图 4-6(a)]梁架有干缩裂缝，宽度为 10mm[图 4-6(a)]； 3. 正立面檐柱和金柱柱子油饰起皮[图 4-6(d)~(g)]； 4. 明间左檐柱柱根部有轻微腐朽[图 4-6(f)]； 5. 明间右檐柱上有钉子钉入现象[图 4-6(e)]； 6. 东稍间左檐柱柱根有墩接处理，历代维修出现开裂，该处油饰已脱落[图 4-6(g)]； 7. 东山墙中间的柱身(C6)开裂严重，裂缝宽度在 20mm，高度约为 180mm[图 4-6(h)]	1. 年久失修 2. 自然破坏 3. 自然破坏 4. 自然破坏+材质因素 5. 人为破坏 6. 自然破坏 7. 自然破坏	1. 清理梁架上鸟粪等脏物； 2. 嵌补和机械加固：新木条防腐处理后嵌补，并用耐水性胶黏剂粘牢，再用两道以上铁箍或钢箍箍紧； 3. 恢复脱落油饰； 4. 挖补和化学防腐：将腐朽部分剔除干净，将新红栎木材进行防腐处理后，依原样和原尺寸修补整齐，并用耐水性胶黏剂粘接； 5. 去除柱子上的钉子； 6. 机械加固（采用铁箍进行加固）；恢复脱落油饰； 7. 嵌补和机械加固：新木条防腐处理后嵌补，并用耐水性胶黏剂粘牢，再用两道以上铁箍或钢箍箍紧
	屋面	8. 正立面明间前檐檐头滴水瓦件缺失 2 个[图 4-7(b)]； 9. 正立面东稍间前檐檐头滴水瓦件缺失 1 个[图 4-7(c)]； 10. 整体椽头、大连檐轻微开裂、腐朽[图 4-7(c)、(d)]	8. 年久失修 9. 年久失修 10. 自然破坏+材质因素	8. 按原形制补配滴水瓦件； 9. 按原形制补配滴水瓦件； 10. 对椽头、大连檐进行化学防腐处理

续表

建筑单体	建筑位置	残损现状	残损原因	维修处理措施
大雄宝殿	墙体	11. 东侧山墙[图 4-8(a)]有轻微泛碱酥化； 12. 西侧山墙[图 4-8(b)]有轻微泛碱酥化； 13. 后檐墙[图 4-8(c)、(d)]有轻微泛碱酥化； 14. 西侧山墙白塑山花小部分脱落[图 4-8(e)]	11. 自然破坏 12. 自然破坏 13. 自然破坏 14. 自然破坏	11. 挖补：将泛碱酥化的青砖剔除干净，然后按原墙体砖的规格重新砍制，砍磨后照原样用原做法重新补砌好； 12. 挖补：将泛碱酥化的青砖剔除干净，然后按原墙体砖的规格重新砍制，砍磨后照原样用原做法重新补砌好； 13. 挖补：将泛碱酥化的青砖剔除干净，然后按原墙体砖的规格重新砍制，砍磨后照原样用原做法重新补砌好； 14. 按原形制修补脱落的山花
	木装修	15. 正立面门窗有轻微变形，门窗表面有脏物[图 4-7(b)、图 4-9(a)]； 16. 匾额有轻微裂缝[图 4-9(b)]	15. 自然破坏 16. 自然破坏	15. 清理门窗上的脏物；对门窗隔扇变形进行修正后归安； 16. 嵌补：用腻子填充裂缝
	地面	17. 散水基本完好，但有部分杂草[图 4-8(c)、(d)]	17. 自然破坏	17. 清除杂草
毗卢殿	木构架（木构架整体性、木梁枋、木柱）	1. 西稍间左五架梁[图 4-10(a)]有干缩裂缝，宽度约为 10mm； 2. 西次间左五架梁[图 4-10(b)]有干缩裂缝，宽度约为 10mm； 3. 西稍间[图 4-10(c)]、明间[图 4-10(d)]以及东次间廊架[图 4-10(e)]梁架单步梁后期添加木支撑，与建筑廊间原有的单步梁形制不符； 4. 正立面檐柱和金柱油饰起皮、开裂脱落[图 4-10(e)]； 5. 正立面次间左前金柱柱根被白蚁啃食，出现大面积破坏，高度约为 300mm，深度约为 25mm[图 4-10(f)]，影响到正常受力； 6. 正立面檐柱和金柱柱身上有乱涂乱写现象[图 4-10(g)～(i)]	1. 自然破坏 2. 自然破坏 3. 不当修缮 4. 自然破坏 5. 自然破坏+材质因素 6. 人为破坏	1. 嵌补和机械加固：新木条防腐处理后嵌补，并用耐水性胶黏剂粘牢，再用两道以上铁箍或钢箍箍紧； 2. 嵌补和机械加固：新木条防腐处理后嵌补，并用耐水性胶黏剂粘牢，再用两道以上铁箍或钢箍箍紧； 3. 应按原有形制配置； 4. 恢复脱落油饰； 5. 局部更换（墩接）和机械加固：先将腐朽部分剔除，再对新的红栎进行防腐处理，采用巴掌榫进行墩接后还应加设铁箍以对其加固； 6. 去除柱子上被涂写的大量字迹
	屋面	7. 背立面东侧部分滴水瓦件脱落，飞椽以及望板有轻微腐朽[图 4-11(b)、(c)]； 8. 东侧立面后檐排山勾滴使用 4 个琉璃制勾头，与建筑形式不符[图 4-11(d)]	7. 年久失修 8. 不当修缮	7. 按原形制补配滴水瓦件；对轻微腐朽的构件进行化学防腐处理； 8. 排山勾滴的 4 个琉璃制勾头更换成原形制的勾头
	墙体	9. 建筑后檐墙墙体开裂处使用水泥涂抹，与建筑原有青砖墙面形制不符[图 4-11(b)，图 4-12(a)、(b)]； 10. 建筑东侧立面山墙部分青砖碱酥化[图 4-11(d)，图 4-12(d)]； 11. 西侧立面墙山墙部分红砖泛碱酥化，墙体开裂处使用水泥涂抹，与建筑原有红砖墙面形制不符[图 4-12(c)]	9. 不当修缮 10. 自然破坏 11. 自然破坏+人为破坏	9. 铲除墙体表面被涂抹水泥面层，采用环氧树脂进行粘接； 10. 挖补：将泛碱酥化的青砖剔除干净，然后按原墙体砖的规格重新砍制，砍磨后照原样用原做法重新补砌好； 11. 应铲除水泥涂抹处，采用环氧树脂进行粘接

续表

建筑单体	建筑位置	残损现状	残损原因	维修处理措施
毗卢殿	木装修	12. 正立面门窗结构基本完好,有乱涂乱写现象[图4-13(a)~(c)]; 13. 正立面门框上有脏物[图4-13(d)]; 14. 正立面西次间门下槛大面积被白蚁啃蚀,破坏深度约20mm[图4-13(e)]; 15. 背立面明间双开格栅门现已经停止使用,使用木棍封堵;双开格栅门木下槛严重腐朽,腐朽厚度约为8mm,现使用砖块添补[图4-12(a)]	12. 人为破坏 13. 年久失修 14. 自然破坏+材质因素 15. 人为破坏+材质因素	12. 铲除门窗以及抱框上被涂写的大量字迹; 13. 清理门框上的脏物; 14. 整体更换:木质门下槛腐朽程度过大,已不适合继续使用,采用相同的桦木木材整体更换; 15. 拆除后期所添加木棍,恢复双开格栅门功能;木下槛已经大面积朽烂而不能继续使用,拆除原有下槛,按照建筑原有形制更换;移除添补砖块,按照原有形制恢复木装修活动下槛
	地面	16. 室内外地面均为水泥地面[图4-14(a)、(b)],与原有形制不符; 17. 明间廊檐地面使用水泥涂抹修补,与建筑原有形制不符[图4-14(c)]; 18. 建筑东、西侧散水铺装缺失,现为灰土地面且杂草丛生[图4-14(d)]; 19. 建筑北侧散水铺装为方砖铺地,且大部分已缺失,破烂不堪; 20. 砖砌陡板青砖泛碱酥化	16. 不当修缮 17. 不当修缮 18. 年久失修 19. 年久失修 20. 自然破坏	16. 铲除水泥铺地,参照大雄宝殿砖块铺装做法恢复地面原铺装; 17. 铲除水泥涂抹修补面层,采用环氧树脂进行粘接; 18. 清理杂草,平整夯实地面,参照大雄宝殿方砖散水铺装做法恢复原散水铺装; 19. 平整夯实地面,参照大雄宝殿方砖散水铺装做法恢复原散水铺装; 20. 挖补:将泛碱酥化青砖剔除干净,然后按原墙体砖的规格重新砍制,砍磨后原样用原做法重新补砌好
玉佛殿	木构架(木构架整体性、木梁枋、木柱)	1. 明间左五架梁上鸟粪堆积[图4-15(a)]; 2. 西稍间廊檐檐檩也有明显劈裂[图4-15(b)]; 3. 正立面明间柱子(A4~A5)油饰开裂脱落[图4-15(c)]; 4. 正立面西稍间右前檐(A2)柱头劈裂[图4-15(b)]且柱身均有竖向干缩裂缝[图4-15(d)~(g)],柱身的裂缝长度为750mm,宽度为20mm,无油饰,裂缝宽度已影响到结构的安全; 5. 正立面东稍间左前檐柱(A7)柱身有细微的竖向干缩裂缝,裂缝长度为620mm,宽度为5mm,无油饰[图4-15(h)、(i)],暂不影响结构的稳定性	1. 年久失修 2. 年久失修 3. 自然破坏 4. 自然破坏 5. 自然破坏	1. 清理鸟粪; 2. 嵌补和机械加固:新木条防腐处理后嵌补,并用耐水性胶黏剂粘牢,再用两道以上铁箍或钢箍箍紧; 3. 恢复脱落油饰; 4. 嵌补和机械加固:新木条防腐处理后嵌补,并用耐水性胶黏剂粘牢,再用两道以上铁箍或钢箍箍紧; 5. 嵌补:新木条防腐处理后嵌补,并用耐水性胶黏剂粘牢
	墙体	6. 东侧立面山墙[图4-17(a)、(b)]更新为小青砖墙; 7. 西侧立面山墙[图4-15(c),图4-17(c)]更新为小青砖墙; 8. 后稍间檐墙[图4-17(d)]更新为小青砖墙	6. 人为破坏 7. 人为破坏 8. 人为破坏	6. 进行墙面颜色的整体统一; 7. 进行墙面颜色的整体统一; 8. 进行墙面颜色的整体统一

续表

建筑单体	建筑位置		残损现状	残损原因	维修处理措施
玉佛殿	木装修		9. 门窗基本完好，门窗扇后刷漆零星起翘脱落[图4-15(c)、图4-18(b)~(e)]； 10. 檐枋上部分彩画褪色脱落[图4-18(a)~(d)]； 11. 明间下槛腐朽、破坏严重，油漆脱落[图4-18(e)]	9. 自然破坏 10. 自然破坏 11. 自然破坏	9. 恢复脱落油饰； 10. 恢复脱落彩画； 11. 进行防腐、防虫蚁处理，恢复脱落油饰
	地面		12. 西稍间的阶条石被人为地用水泥粘接涂抹[图4-15(d)]，破坏了原有建筑形制； 13. 东次间的阶条石断裂	12. 不当修缮 13. 年久失修	12. 铲除阶条石之间的水泥，采用环氧树脂黏结材料进行粘接； 13. 用环氧树脂粘接阶条石
天然祖堂，包括：前厅、后殿、耳房	木构架（木构架整体性、木梁枋、木柱）	前厅	1. 明间左四架梁上面有大量的灰尘和鸟屎，且存在干缩裂缝，裂缝宽度为3~5mm[图4-19(a)]，后梁头部分缺失[图4-19(b)]； 2. 明间右四架梁上面有大量的灰尘和鸟屎，且四架梁和童柱都存在干缩裂缝，裂缝宽度为3~5mm，另外，上面还有许多虫眼[图4-19(c)、(d)]； 3. 四根柱子油饰开裂脱落，且柱根部都被虫蛀非常严重[图4-19(e)]； 4. 明间左后檐柱、右后檐柱根部完全被蛀空[图4-19(f)、(g)]； 5. 右前檐柱(A3)有维修过的痕迹[图4-19(h)]； 6. 由于后面两根檐柱(B2~B3)受损，所以左前檐柱(A2)出现明显向外弯曲现象[图4-19(i)]，存在非常大的安全隐患	1. 自然破坏 2. 自然破坏＋材质因素 3. 自然破坏＋材质因素 4. 自然破坏＋材质因素 5. 年久失修 6. 自然破坏＋材质因素	1. 清理梁上的灰尘和鸟屎；嵌补(新木条防腐处理后嵌补，并用耐水性胶黏剂粘牢)；对缺失梁头进行粘补； 2. 清理梁上的灰尘和鸟屎；嵌补；新木条防腐处理后嵌补，并用耐水性胶黏剂粘牢； 3. 恢复脱落油饰； 4. 整体更换：将新的枫杨木材进行防腐防虫处理，替换已全部蛀空的原柱(或者采用化学灌浆加固方式对枫杨木构件进行加固处理)； 5. 机械加固墩接部分； 6. 及时对明间左后檐柱、右后檐柱进行整体更换以分担左前檐柱的不均匀受力
		后殿	7. 整体梁架保存良好，明间左五架梁有干缩裂缝，宽度约为5mm，梁架落有灰尘	7. 自然破坏	7. 应清理梁架上的灰尘，然后将新木条防腐处理后嵌补，并用耐水性胶黏剂粘牢
		耳房	8. 梁架被后期拉的塑料布吊顶遮挡	8. 人为破坏	8. 拆除塑料布吊顶，以恢复原状
	屋面	前厅	9. 前坡屋面已出现下沉现象，前檐口部分大量泥背已经脱落[图4-19(e)]； 10. 正立面明间滴水瓦件局部脱落缺失7个[图4-20(b)]； 11. 正立面东侧次间滴水瓦件脱落15个[图4-20(a)]； 12. 正立面东次间和明间的大连檐以及檐头严重腐朽，大连檐东端部已经完全脱离原有位置，起翘弯曲，存在漏雨现象[图4-19(e)，图4-20(a)、(b)]； 13. 背立面东次间滴水瓦件脱落17个，明间滴水瓦件脱落20个，西次间滴水瓦件脱落18个[图4-20(c)、(d)]	9. 年久失修 10. 年久失修 11. 自然破坏 12. 自然破坏＋材质因素 13. 年久失修	9. 重做屋面，补配脱落的泥背； 10. 按原形制补配滴水瓦件； 11. 按原形制补配滴水瓦件； 12. 对腐朽严重的大连檐进行整体更换； 13. 按原形制补配滴水瓦件

续表

建筑单体	建筑位置		残损现状	残损原因	维修处理措施
天然祖堂，包括：前厅、后殿、耳房	屋面	后殿	14. 东次间前檐滴水瓦件缺失15个[图4-24(b)]； 15. 明间前檐滴水瓦件缺失7个[图4-24(c)、(d)]； 16. 背立面屋面现滴水瓦件全部缺失[图4-24(a)]； 17. 前檐部分大连檐腐朽弯曲、飞椽部分腐朽[图4-24(b)~(e)]	14. 年久失修 15. 年久失修 16. 年久失修 17. 自然破坏+材质因素	14. 按原形制补配滴水瓦件； 15. 按原形制补配滴水瓦件； 16. 按原形制补配滴水瓦件； 17. 对腐朽严重的大连檐进行整体更换；对有轻微腐朽的飞椽进行化学防腐和化学加固
		耳房	18. 正立面滴水瓦件缺失11个[图4-29(a)]； 19. 背立面滴水瓦件全部缺失[图4-29(b)]； 20. 正立面椽子中心受虫蛀，有孔洞[图4-29(a)]	18. 年久失修 19. 年久失修 20. 自然破坏+材质因素	18. 按原形制补配滴水瓦件； 19. 按原形制补配滴水瓦件； 20. 对于有孔洞的椽子进行化学灌浆加固处理
	墙体	前厅	21. 东、西两侧山墙室内墙面抹白局部脱落[图4-19(e)，图4-20(a)]；	21. 年久失修	21. 按原做法重做脱落的面层
		后殿	22. 西侧立面后檐山墙有裂缝，裂缝宽度5~7mm[图4-25(a)、(b)]； 23. 后檐墙墙体是土坯墙，部分土坯砖缺失残损，面层大面积脱落[图4-24(a)]； 24. 东次间内部后檐山墙开裂3~4mm[图4-25(c)]	22. 年久失修 23. 年久失修 24. 年久失修	22. 采用与原砌体相同的勾缝材料； 23. 按原做法补配脱落土坯墙砖；重新涂抹脱落的面层； 24. 采用与原砌体相同的勾缝材料
		耳房	25. 正立面墙体[图4-30(a)]、东侧立面墙体[图4-30(b)]、背立面墙体[图4-29(b)]为土坯墙，部分土坯残损缺失，上面涂抹的面层大部分脱落； 26. 围墙受潮严重且有开裂[图4-30(c)]	25. 年久失修 26. 年久失修	25. 按原做法补配脱落墙砖；重新涂抹脱落的面层； 26. 清理围墙上的脏物
	木装修	后殿	27. 明间木板门底部腐朽严重，油漆起皮脱落，门槛缺失[图4-26(a)]； 28. 门框下部腐朽严重，连楹丢失[图4-26(b)]； 29. 窗户棂条受虫蛀蚀，窗框部分开裂、漆皮脱落[图4-26(c)]	27. 自然破坏+材质因素 28. 自然破坏+材质因素 29. 自然破坏+材质因素	27. 木板门底用防腐防虫处理后的柳木木材局部更换；恢复脱落油饰； 28. 用防腐防虫处理后的榆木木材整体更换门框，补充新的连楹； 29. 做防虫蚁处理，恢复脱落油饰
		耳房	30. 木板门门槛和抱框腐朽严重(图4-31)	30. 自然破坏+材质因素	30. 用杨木木材整体更换木板门门槛和抱框

续表

建筑单体	建筑位置	残损现状		残损原因	维修处理措施
天然祖堂,包括:前厅、后殿、耳房	地面	前厅	31. 月台表面为水泥面层,出现大面积开裂[图4-22(a)]; 32. 前厅地面均为水泥地面,磨损严重; 33. 东、西侧立面处无散水,且杂草丛生[图4-22(c)]	31. 不当修缮 32. 不当修缮 33. 年久失修	31. 铲除水泥铺地,参照大雄宝殿砖块铺装做法恢复地面原铺装; 32. 铲除水泥铺地,参照大雄宝殿砖块铺装做法恢复地面原铺装; 33. 清除杂草,参照大雄宝殿砖块铺装做法恢复原散水铺装
		后殿	34. 地面为水泥地面并且局部残损[图4-27(a)]; 35. 西侧立面以及背立面无散水,杂草丛生,排水不畅	34. 不当修缮 35. 年久失修	34. 铲除水泥铺地,参照大雄宝殿砖块铺装做法恢复地面原铺装; 35. 清除杂草,参照大雄宝殿砖块铺装做法恢复地面原铺装
		耳房	36. 室内地面为水泥铺地; 37. 建筑东侧立面[图4-30(b),图4-32(a)]以及建筑背立面[图4-29(b)]无散水,为灰土地面,排水不畅	36. 不当修缮 37. 年久失修	36. 铲除水泥铺地,参照大雄宝殿砖块铺装做法恢复地面原铺装; 37. 参照大雄宝殿砖块铺装做法恢复地面原铺装

附录2 丹霞寺古建筑各大殿残损现状图纸

附录3 丹霞寺古建筑各大殿修缮设计图纸

参 考 文 献

国际古迹遗址理事会中国国家委员会.《中国文物古迹保护准则》（2015 年修订）[M]. 北京：文物出版社，2015.

《中华人民共和国文物保护法》（2017 年修订）.

《中华人民共和国文物保护法实施条例》（2017 年修订）.

Bari E，Daniel G，Yilgor N，e al. Comparison of the Decay Behavior of Two White-Rot Fungi in Relation to Wood Type and Exposure Conditions [J]. Microorganisms，2020，8.

Bari E，Daryaei M G，Karim M，et al. Decay of Carpinus betulus wood by Trametes versicolor-An anatomical and chemical study [J]. International Biodeterioration and Biodegradation，2019，137：68-77.

Becker G. Physiological influences on wood-destroying insects of wood compounds and substances produced by microorganisms [J]. Wood Science and Technology，1971，5（3）：236-246.

Bhatt I M，Pramod S，Koyani R D，et al. Anatomical characterization of eucalyptus globulus wood decay by two white rot species of trametes [J]. Journal of Plant Pathology，2016，98（2）：227-234.

Brischke C，Stricker S，Meyer-Veltrup L，et al. Changes in sorption and electrical properties of wood caused by fungal decay [J]. Holzforschung，2019，73（5）：445-455.

Chang L，Rong B，Xu G，et al. Mechanical properties，components and decay resistance of Populus davidiana bioincised by Coriolus versicolor [J]. Journal of Forestry Research，2020（5）：2023-2029.

Colom X，Carrillo F，Nogués F，et al. Structural analysis of photodegraded wood by means of FTIR spectroscopy [J]. Polymer Degradation and Stability，2003，80（3）：543-549.

Croitoru C，Spirchez C，Lunguleasa A，et al. Surface properties of thermally treated composite wood panels [J]. Applied Surface Science，2018，438：114-126.

Ĉufar K. A Roman barge in the Ljubljanica river (Slovenia)：wood identification, dendrochronological dating and wood preservation research [J]. Journal of Archaeological Science，2014，44：128-135.

Diandari A F，Djarwanto，Dewi L M，et al. Anatomical characterization of wood decay patterns in Hevea brasiliensis and Pinus merkusii caused by white-rot fungi：Polyporus arcularius and Pycnoporus sanguineus [J]. IOP Conf. Series：Earth and Environmental Science，2020，528（1）：012048（13pp）.

Fahey L M，Nieuwoudt M K，Harris P J. Predicting the cell-wall compositions of solid Pinus radiata（radiata pine）wood using NIR and ATR FTIR spectroscopies [J]. Cellulose，2019，26（13-14）：7695-7716.

Gao S，Wang L H，Yue X Q. Effect of the degree of decay on the electrical resistance of wood degraded by brown-rot fungi [J]. Canadian Journal of Forest Research，2019，49：145-153.

Graham K. Fungai-insect mutualism in trees and timber [J]. Annual. Review of Entomology，1967，12：105-122.

IAWA Committee. IAWA list of microscopic features for hardwood identification [M]. IAWA Bull，1989.

Ibrahim M N M，Yusof N N M，Hashim A. Comparison studies on soda lignin and soda anthraquinone lignin [J]. Malaysian Journal of Analytical Sciences，2007，11（1）：206-212.

Kanbayashi T，Miyafuji H. Effect of ionic liquid treatment on the ultrastructural and topochemical features of compression wood in Japanese cedar（Cryptomeria japonica）[J]. Scientific Reports，2016.

Kiyoto S，Yoshinaga A，Fernandez-Tendero E，et al. Distribution of lignin，hemicellulose，and arabinogalactan protein in hemp phloem fibers [J]. Microscopy and Microanalysis，2018，24（4）：442-452.

Li S，Gao Y，Brunetti M，et al. Mechanical and physical properties of cunninghamia lanceolata wood decayed by brown rot [J]. Forest，2019，12：317-322.

Ma J F，Ji Z，Zhou X，et al. Transmission electron microscopy，fluorescence microscopy，and confocal raman microscopic analysis of ultrastructural and compositional heterogeneity of Cornus alba L. wood cell wall [J]. Microscopy and Microanalysis，2013，19（1）：243-253.

Ma J F，Yang G H，Mao J Z，et al. Characterization of anatomy，ultrastructure and lignin microdistribution in Forsythia suspensa [J]. Industrial Crops and Products，2011，33（2）：358-363.

Melo J C F, Boeger M R T. The use of wood in cultural objects in 19th Century Southern Brazil [J]. IAWA Journal, 2015, 36 (1), 98-116.

Mertz M, Cupta S, Hirako Y, et al. Wood selection of ancient temples in the Sikkim Himalayas [J]. IAWA Journal, 2014, 35: 444-462.

Monrroy M, Ortega I, Ramirez M. Structural change in wood by brown rot fungi and effect on enzymatic hydrolysis [J]. Enzyme and microbial technology, 2011, 49 (5): 472-477.

Nakagawa K, Yoshinaga A, Takabe K. Anatomy and lignin distribution in reaction phloem fibres of several Japanese hardwoods [J]. Annals of Botany, 2012, 110 (4): 897-904.

Pandey K K, Nagveni H C. Rapid characterisation of brown and white rot degraded chir pine and rubberwood by FTIR spectroscopy [J]. Holz als Roh-und Werkstoff, 2009, 65 (6): 477-481.

Pandey K K, Pitman A J. FTIR studies of the changes in wood chemistry following decay by brown-rot and white-rot fungi [J]. International Biodeterioration and Biodegradation, 2003, 52 (3): 151-160.

Pandey K K. A study of chemical structure of soft and hardwood and wood polymers by FTIR Spectroscopy [J]. Journal of Applied Polymer Science, 1999, 71 (12): 1969-1975.

Robinson M E, McKillop H I. Ancient Maya wood selection and forest exploitation: a view from the Paynes Creek salt works, Belize [J]. Journal of Archaeological Science, 2013, 40: 3584-3595.

Stark N M, Matuana L M. Characterization of weathered wood-plastic composite surfaces using FTIR spectroscopy, contact angle, and XPS [J]. Polymer Degradation and Stability, 2007, 92 (10): 1883-1890.

Stark N M, Matuana L M. Surface chemistry changes of weathered HDPE/wood-flour composites studied by XPS and FTIR spectroscopy [J]. Polymer Degradation and Stability, 2004, 86 (1): 1-9.

Sun H, Yang Y, Han Y X, et al. X-ray Photoelectron Spectroscopy Analysis of Wood Degradation in old Architecture [J]. BioResources, 2020, 15 (3): 6332-6343.

Tamburini D, Lucejko J J, Pizzo B, et al. A critical evaluation of the degradation state of dry archaeological wood from Egypt by SEM, ATR-FTIR, wet chemical analysis and Py (HMDS)-GC-MS [J]. Polymer Degradation and Stability, 2017, 146: 140-154.

Tomak E D, Topaloglu E, Gumuskaya E, et al. An FT-IR study of the changes in chemical composition of bamboo degraded by brown-rot fungi [J]. International Biodeterioration and Biodegradation, 2013, 85: 131-138.

Wang Y R, Xing X T, Ren H Q, et al. Distribution of lignin in chinese fir branches determined microspectrometer ultraviolet [J]. Spectroscopy and Spectral Analysis, 2012, 32 (6): 1685-1688.

Wentzel M, Rolleri A, Pesenti H, et al. Chemical analysis and cellulose crystallinity of thermally modified Eucalyptus nitens wood from open and closed reactor systems using FTIR and X-ray crystallography [J]. European Journal of Wood and Wood Products, 2019, 77 (4): 517-525.

Xu G Q, Wang L H, Liu J L, et al. FTIR and XPS analysis of the changes in bamboo chemical structure decayed by white-rot and brown-rot fungi [J]. Applied Surface Science, 2013, 280: 799-805.

Yang Y, He Y M, Han L, et al. Application of histochemical stains for rapid qualitative analysis of the lignin content in multiple wood species [J]. Bioresources, 2020, 15 (2): 3524-3533.

Yang Y, Sun H, Li B, et al. Study on the identification and the extent of decay of the wooden components in the Xichuan Guild Hall ancient architectures [J]. International journal of architectural heritage, 2020 (5): 1-10 10.1080/15583058.2020.1786190.

Yang Y, Sun H, Li B, et al. FTIR analysis of the chemical composion changes of wooden components in the ancient architectures of Xichuan Guild Hall [J]. Forest Product journal, 2020, 70 (4): 448-452.

Yang Y, Zhan T Y, Lu J X, et al. Influences of thermo-vacuum treatment on colors and chemical compositions of alder birch wood [J]. Bioresources, 2015, 10 (4): 7936-7945.

Yoshizawa N, Inami A, Miyake S, et al. Anatomy and lignin distribution of reaction wood in two Magnolia species [J]. Wood Science and Technology, 2000, 34 (3): 183-196.

Zeng Y L, Yang X W, Yu H B, et al. The delignification effects of white-rot fungal pretreatment on thermal characteristics of moso bamboo [J]. Bioresource Technology, 2012, 114: 437-442.

曹金珍. 木材保护与改性 [M]. 北京：中国林业出版社，2018.

曹旗. 故宫古建筑木构件物理力学性质的变异性研究 [D]. 北京：北京林业大学，2005.

柴泽俊. 柴泽俊古建筑文集 [M]. 北京：文物出版社，1999.

柴泽俊. 柴泽俊古建筑修缮文集 [M]. 北京：文物出版社，2009.

陈允适. 古建筑木结构与木质文物保护 [M]. 北京：中国建筑出版社，2007.

成俊卿，杨家驹，刘鹏. 中国木材志 [M]. 北京：中国林业出版社，1992.

池玉杰. 6种白腐菌腐朽后的山杨木材和木质素官能团变化的红外光谱分析 [J]. 林业科学，2005，41（2）：136-140.

崔贺帅，杨淑敏，刘杏娥，等. 杞柳的化学成分及其木质素微区分布的研究 [J]. 林产化学与工业，2016（5）：120-126.

崔新婕. 海门口遗址木质遗存树种判定及腐朽标准的划分 [D]. 昆明：西南林业大学，2015.

崔新婕，邱坚，高景然. 利用荧光偏光技术对古木进行腐朽等级判定及加固程度的辨析 [J]. 文物保护与考古科学，2016，28（4）：48-53.

戴玉成. 中国储木及建筑木材腐朽菌图志 [M]. 北京：科学出版社，2009.

邸明伟，高振华. 生物质材料现代分析技术 [M]. 北京：化学工业出版社，2010.

董梦妤. 古建筑和出土饱水木材鉴别与细胞壁结构变化 [D]. 北京：中国林业科学研究院，2017.

董少华，王翀，相建凯，等. 基于FTIR-ATR法的户县公输堂小木作木材化学组成和结构变化研究 [J]. 红外，2020，41（7）：30-37.

傅熹年. 中国古代建筑史：第二卷　三国、两晋、南北朝、隋唐、五代建筑 [M]. 北京：中国建筑工业出版社，2001.

高景然. 海门口遗址饱水木质文物腐朽机制研究与加固保护应用 [D]. 哈尔滨：东北林业大学，2015.

葛晓雯，王立海，侯捷建，等. 褐腐杨木微观结构、力学性能与化学成分的关系研究 [J]. 北京林业大学学报（社会科学版），2016（10）：112-122.

谷雨. 腐朽对古木建筑构件力学性能的影响 [D]. 南京：东南大学，2016.

"故宫古建筑木构件树种配置模式研究"课题组. 故宫武英殿建筑群木构件树种及其配置研究 [J]. 故宫博物院院刊，2007，132（4）：6-27.

郭黛姮. 中国古代建筑史：第三卷　宋、辽、金、西夏建筑 [M]. 北京：中国建筑工业出版社，2003.

郭梦麟，蓝浩繁，邱坚. 木材腐朽与维护 [M]. 北京：中国质检出版社，2010.

郭志恭. 中国文物建筑保护及修复工程学 [M]. 北京：北京大学出版社，2016.

全国木材标准化技术委员会. 木材耐久性能　第2部分：天然耐久性野外试验方法：GB/T 13942.2—2009 [S]. 北京：中国标准出版社，2009.

住房和城乡建设部. 古建筑木结构维护与加固技术规范：GB/T 50165—1992 [S]. 北京：中国建筑工业出版社，1992.

住房和城乡建设部. 古建筑木结构维护与加固技术标准：GB/T 50165—2020 [S]. 北京：中国建筑工业出版社，2020.

何洋. 应县木塔构件残损状态分析及斗拱传力机制研究 [D]. 西安：西安建筑科技大学，2019.

赖惟永. 福建土楼木质构件修缮研究 [D]. 长沙：中南林业科技大学，2014.

李改云，黄安民，秦特夫，等. 马尾松木材褐腐降解的红外光谱研究 [J]. 光谱学与光谱分析，2010（8）：2133-2136.

李诫. 营造法式 [M]. 重庆：重庆出版社，2019.

李鑫. 古建筑木构件材质性能与残损检测关键技术研究 [D]. 北京：北京工业大学，2015.

梁思成. 清式营造则例 [M]. 北京：清华大学出版社，1981.

刘苍伟，苏明垒，周贤武，等. FTIR及CLSM对转基因杨木细胞壁木质素含量及微区分布研究 [J]. 光谱学与光谱分析，2017，37（11）：3404-3408.

刘敦桢. 中国古代建筑史 [M]. 北京：中国建筑工业出版社，2020.

刘文斌. 故宫古建筑木构件化学成分及抗弯强度的变化与腐朽的相关性研究 [D]. 北京：北京林业大学，2006.

刘杏娥，金克霞，崔贺帅，等. 黄藤细胞壁木质素区域化学分子光谱成像研究［J］. 光谱学与光谱分析，2017，37（10）：3138-3144.

刘一星，赵广杰. 木材学［M］. 2版. 北京：中国林业出版社，2012.

罗蓓，杨燕，徐开蒙. 木材解剖学专论［M］. 北京：中国林业出版社，2021.

罗哲文. 中国古代建筑［M］. 修订本. 北京：上海古籍出版社，2001.

马炳坚. 中国古建筑木作营造技术［M］. 2版. 北京：科学出版社，2018.

马艳如. 山西古建筑木构件残损类型与化学组分变化分析［D］. 哈尔滨：东北林业大学，2019.

潘谷西. 中国古代建筑史：第四卷 元明建筑［M］. 2版. 北京：中国建筑工业出版社，2009.

乔迅翔. 宋代官式建筑营造及其技术［M］. 上海：同济大学出版社，2012.

孙大章. 中国古代建筑史：第五卷［M］. 2版. 北京：中国建筑工业出版社，2009.

文化部文物保护科研所. 中国古建筑修缮技术［M］. 北京：中国建筑工业出版社，1983.

许凤，毛健贞，Jones G L，等. 柠条正常木与受拉木纤维细胞超微结构及木质素微区分布研究［J］. 中国造纸学报，2009，24（4）：15-18.

薛玉宝. 中国古建筑概论［M］. 北京：中国建筑工业出版社，2015.

杨鸿勋. 杨鸿勋建筑考古学论文集：增订版［M］. 北京：清华大学出版社，2008.

杨焕成. 中国古建筑时代特征举要［M］. 北京：文物出版社，2016.

杨燕，吕建雄，李斌. 木材真空热处理过程中传热传质规律及颜色控制［M］. 北京：化学工业出版社，2020.

袁诚，翟胜丞，章一蒙，等. 红外光谱结合热重法对考古木材降解状况的分析［J］. 光谱学与光谱分析，2020，40（9）：2943-2950.

袁建力，杨韵. 打牮拨正：木构架古建筑纠偏工艺的传承与发展［M］. 北京：科学出版社，2017.

张风亮. 中国古建筑木结构加固及其性能研究［D］. 西安：西安建筑科技大学，2013.